AF535999

HUNDSROSE UND KATZENMINZE

Postfach 121111 | 10605 Berlin
www.transit-verlag.de

Umschlaggestaltung, unter Verwendung historischer Illustrationen (siehe Bildquellenverzeichnis) und Layout: Gudrun Fröba
Druck und Bindung, CPI Group Deutschland
ISBN 978 3 88747 369 3

Rosemarie Gebauer

HUNDSROSE und KATZENMINZE

Wie die Rose
zum Hund kam
und die Minze
zur Katze

: TRANSIT

INHALT

VORWORT

Ich freu mich, daß am Himmel Wolken ziehen
Und daß es regnet, hagelt, friert und schneit.
Ich freu mich auch zur grünen Jahreszeit,
Wenn Heckenrosen und Holunder blühen.
Daß Amseln flöten und daß Immen summen,
Daß Mücken stechen und daß Brummer brummen.
Daß rote Luftballons ins Blaue steigen.
Daß Spatzen schwatzen. Und daß Fische schweigen.
Aus Mascha Kaléko: Sozusagen grundlos vergnügt

Es ist ja nicht nur die Rose, im obigen Gedicht als Heckenrose bezeichnet, welche auf den Hund kam. Es gibt eine Anzahl anderer Pflänzchen, wie Kamille und Petersilie, denen so etwas passierte. Warum kamen unsere Vorfahren zu diesen vielen tierischen Pflanzennamen? Sie haben die Pflanzen betrachtet, kleinste Merkmale wahrgenommen, wie zum Beispiel die Zunge bei dem kleinen Spatz. Doch nicht nur das, die Wuchsform der Pflanzen wurde herangezogen, um Pflanzen danach zu benennen, zum Beispiel bei der Kobralilie. Ihre Stellung in der Gesellschaft wurde in Beziehung zu den Menschen gebracht, wie es bei den zahlreichen Hunde-Pflanzennamen der Fall war.

Die Pflanzenwelt ist ohne Tierwelt nicht möglich. Flora und Fauna haben sich gegenseitig beeinflusst und entwickelt, Coevolution betrieben. Das wunderbare Gebiet der Blütenbiologie erforscht das Zusammenspiel von Blüte und Tier und lässt zum Beispiel anhand von Blütenmerkmalen den oder die tierischen Bestäuber vorhersagen. Klima und Bodenbeschaffenheit beeinflussen die Entwicklung in der Tier- und Pflanzenwelt. Es waren nicht Botaniker, welche einem schönen Liliengewächs den Namen »Krötenlilie« gaben oder eine Orchidee mit dem Namen »Waldvöglein« bedachten. Es waren unsere Vorfahren, welche täglich mit den Pflanzen zu tun hatten, sie als Heilpflanzen schätzten oder als Nahrung für sich und ihre Haustiere. Sie werden gegraben haben, um ihre Wurzeln medizinisch zu nutzen. Sie werden Ähnlichkeiten zwischen Tier und Pflanze entdeckt haben; erstaunlich ist es, dass bestimmte Formen bei Tier und Pflanze abgewandelt mehrmals in der Natur hervorgebracht worden sind. Erst später wurde die Pflanzenwelt als Augenweide in Wald und Flur wahrgenommen. Die Botanik als Wissenschaft entwi-

ckelte sich ab Mitte des 16. Jahrhunderts. Universalgelehrte begannen zu Beginn des 16. Jahrhunderts mit dem Studium der Pflanzenwelt. Später schuf der Schwede Carl Linné die binäre Nomenklatur; für jede Pflanzenart ist seither nur ein einziger Name gültig; das war für eine weltweite wissenschaftliche Kommunikation im 18. Jahrhundert unverzichtbar geworden. Mit neuen Methoden werden Pflanzen seither untersucht, um ihren Verwandtschaftsverhältnissen immer mehr auf die Spur zu kommen; denn verwandt sind alle Lebewesen, mehr oder weniger. Die volkstümlichen Pflanzennamen blieben beliebt in der Bevölkerung; manche haben Jahrhunderte, zum Teil sogar Jahrtausende überdauert. Teilweise sind die alten Bezeichnungen in die wissenschaftliche Benennungen eingegangen. Man spricht nicht von *Rosa canina,* wenn die Hundsrose gemeint ist. »Hundsrose« hatte sich gegenüber den hundert anderen deutschen Namen für sie durchgesetzt, auch gegen Goethes Heideröslein, gegen Heckenrose, Hagedorn, Steinrösli, u.a..
Es sind an die achtzig Pflanzenarten bzw. Gattungen oder Familien, welche vorgestellt werden. Alle Pflanzen führen in ihren volkstümlichen Namen ein Tier. Gelüftet werden einige »Geheimnisse«, zum Beispiel warum es der Storchschnabel war und ist, mit dessen Hilfe die Babies gebracht werden. Auch ist es interessant, dass Geißfuß, bekannt als Giersch, bei der zahnärztlichen Behandlung und beim Fischfang genutzt wurden. Neben Wildtieren werden auch die Pflanzennamen des Hausviehs, wie Ochsenauge, Bocksbart, Ferkelkraut, Gänsefuß und Entengrütze besprochen. Deren Körperteile, wie Füße, Schwänze, Köpfe, Zungen, Schnabel und Ohren waren unter die Lupe genommen worden. Obwohl es Vergrößerungsgläser noch nicht gab, entdeckten unsere botanisch interessierten Vorfahren manchmal mehr als wir es heute tun. Sie gruben auch schon mal die Pflänzchen aus, um nach der »wurz« zu schauen; es schien sich herumgesprochen zu haben, dass manche Wurzeln über Heilkräfte verfügen. Mit großer Phantasie wurden die Pflanzen mit wundersamen Namen bedacht.
Das Buch ist für alle Pflanzen- und Tierliebhaber geschrieben, die sich schon immer fragen, wieso Hundsrose, Katzenminze, Wurmfarn, Hasenglöckchen und Flohkraut so heißen. Es soll ein Vergnügen sein, dieses Buch zu lesen und/oder zu verschenken. Pflanzen und »ihre« Tiere sind von alten Zeichnungen begleitet.

BÄR mit Lapp und Lauch,
Klau, Wurz und Traube

Unser Braunbär ist eigentlich Pflanzenfresser; sein Speiseplan wird von der Jahreszeit bestimmt. Wenn Mutter Bär mit ihren Jungen die Winterruhe beendet und die Bärenhöhle verlässt, ist auch der Bärlauch aus der Erde gekrochen. Aber dass dieser von den Bären gemocht wird, ist nicht wahrscheinlich. Doch es gibt im Frühling noch die Früchte aus dem Vorjahr, wie Bucheckern, Eicheln und Nüsse und die frischen Frühlingskräuter. Nach der Winterruhe benötigt ein erwachsener Bär täglich an die dreißig Kilogramm Nahrung.

Unseren Vorfahren waren Bären bekannt, insbesondere der Braunbär. Mensch und Bär trafen aufeinander. Ähnlichkeiten zwischen Bär und mindestens sechs Pflanzen wurden wahrgenommen. Der Bär war beliebt. In zahlreichen Tiersagen und Märchen kommt er vor, spielt sogar oft die Hauptrolle. Und Kinder lieben dieses Bärchen, nicht nur als Stofftier oder Gummibärchen.

»Ursus arctos« lautet der wissenschaftliche Name des Braunbären.

»Schneeweißchen und Rosenrot«.
Zeichnung: Alexander Zick (1845-1907)

Liebevoll und zutreffend wurde er bei den Slawen »medvědi« genannt, Honigesser, und bei den Finnen »medikämmen«, Honighand. Wie der Mensch mag auch der Bär das Süße. Er war »Er«, auch »Hausherr«. Der Jungbär war der »Lontschak«, der Jährling. Lontschak war der Kinderwärter bei den zwei- und dreijährigen Bärchen. Bei den türkischen und tatarischen Völkern hieß er »Vater« oder »Mutter«. Die Lappen nannten ihn »Kluger Vater«. »Großväterchen« wurde er bei den Schweden genannt. Nach der griechischen Mythologie wurde die Nymphe Kallisto in eine Bärin verwandelt und schaut noch heute als »Großer Bär« mit ihrem Sohn Arkos, »Kleiner Bär«, vom Himmel.

Den Mystikern des 17. Jahrhunderts dagegen war der Bär das Symbol des Teufels, ja, der Teufel selbst. In Litauen erntete er wie dieser die »Farnblüte«. Vielleicht hat der Name des Bärlapps damit zu tun.

Meister Petz ist Frühlingsbote. Nach sieben Monaten Tragezeit werden die Bärchen geboren, verbleiben mit ihrer Mutter noch eine Weile in der Höhle, bis sie im Frühling vor die Höhle treten. Das ist auch der Zeitpunkt, an dem andere Frühlingsboten ans Licht drängen, wie der Bärlauch.

Bei anderen Pflanzen mit Bär im Namen, zum Beispiel bei der Bärwurz, können Zusammenhänge zwischen Bär und Gebärmutter bestehen. Die Gebärmutter ist wie eine Höhle, in der der menschliche Embryo heranwächst. In einer Höhle verbringen auch die schwangere Bärin und ihre heranwachsenden Kinder die Winterruhe. Mit Hilfe der Bärwurz wurde früher eine Abtreibung ermöglicht; noch heute werden ihre Inhaltsstoffe medizinisch genutzt.

WIESEN-BÄRENKLAU
Heracleum spondylium

Eine große Pflanze! So groß wie ein Bär oder wie der griechische Held Herakles. Eine Verwandte des Wiesen-Bärenklau, der Riesen-Bärenklau, kann bis drei Meter hoch wachsen; er ist nicht bei uns zuhause, sondern hat seine Heimat im Kaukasus und wurde bei uns eingeschleppt.

Führte die Größe des Bären zum Namen dieser Pflanze? Andere volkstümliche Namen verweisen eher auf die Tatzen. Unsere Vorfahren kannten die Fährten der Bären, auch im Rheinland, wie die zahlreichen Namen in der »Rheinische Volksbotanik« beweisen. Erinnerten die gefiederten, lappigen und gestielten Blätter des Bärenklau an Bärenspuren, an die Tatzen des Bären? Entstanden daher Namen, wie Berenklaue, branca ursina, Beerentatz, Bärenpot (Bärenpfote)? Bärenklaw wurde die Pflanze von den Botanikvätern Hieronymus Bock (1498-1554) und Leonhard Fuchs (1501-1566) genannt. Wegen der aufgeblasenen Blattscheiden, der Ochrea, wurde die Pflanze auch »Kuhpanz« genannt (Nießen 1:51).

Vielleicht aßen die Bären die jungen Triebe und Blätter im Frühling gerne, wenn es bereits »lau« war, wohlig. So kommen wir vielleicht auch dem »klau« im Namen auf die Spur. An

Ochrea

Klauen im Sinne von Stehlen ist dabei nicht zu denken, eher an die Klauen, die Krallen an den Bärentatzen. Gedacht werden kann auch an »wohlig, angenehm, ein wort der mittlern Rheinlande: in dieser unhöflichen märzenzeit thuts einem nicht sehr klau«, wie wir im Deutschen Wörterbuch der Grimms lesen. Kurz und gut: den Bären schmeckten vielleicht die jungen Triebe und Blätter, oder Ähnlichkeit mit den Krallen war gemeint.
Beim Menschen können bei Berührung insbesondere der Riesen-Bärenklaue starke Verbrennungen und schmerzhafte Schwellungen auf der Haut entstehen. Das ist besonders der Fall bei hoher Luftfeuchtigkeit und wenn verschwitzte Haut Kontakt mit der Pflanze hat. Unter Stalin wurde Bärenklau in Russland als Futterpflanze angebaut, bis man feststellte, dass Kuhmilch dadurch einen bitteren Geschmack erhielt. Um die Pflanze zu beseitigen, sind Fachleute in Schutzkleidung gefragt.
Ob die Bären den Geruch der Pflanze schätzen? Der wird als unangenehm bezeichnet. Das Epitheton *spondylium* verweist darauf. Der Waldbock, *Spondylis buprestoides*, aus der Familie der Bockkäfer, besitzt einen ähnlichen Geruch.

BÄRENTRAUBE
Arctostaphylos uva-ursi

Dieses hübsche Heidekrautgewächs muss mit den Bären etwas zu tun haben. Sowohl im volkstümlichen Namen wie im botanischen hat der Bär Einzug gehalten.

Arctos, der Bär, ist im Norden Europas zuhause wie auch das Sternzeichen des Großen Bären und unser Zwergstrauch. Da die Pflanze nicht höher als vierzig Zentimeter wird, schützt die Schneedecke vor frostigen Winden. Die Blüten bzw. später Früchte sind als *uva,* lateinisch für Traube, angeordnet.

Die rosigen glockigen Blüten lassen die Zugehörigkeit zu den Ericagewächsen erkennen.

Die roten Früchte sollen gerne von Meister Petz gefressen werden. Die Blätter, *Folia Uvae ursi,* spielen eine Rolle in der Medizin und werden erfolgreich bei Harnwegsinfekten und gynäkologischen Beschwerden eingesetzt.

KEULEN-BÄRLAPP
Lycopodium clavatum

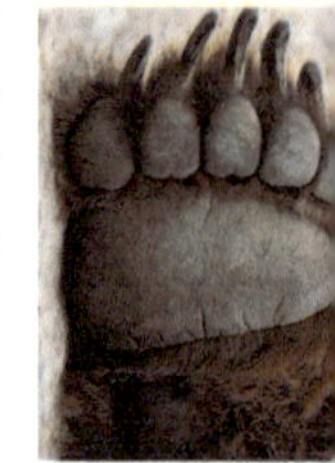

Man konnte sich nicht entscheiden: Soll nun der Bär oder der Wolf im Namen auftauchen? Der volkstümliche Name, in dem der Bär seit Jahrhunderten eine Rolle spielt, hat Konkurrenz mit dem botanischen Namen bekommen, in dem der Wolf auftaucht. *Lycos*, der Wolf, bekam den Fuß dazu: *Lycopodium*. Beim volkstümlichen Namen meint »lapp« den Lappen, lappo, auch Tatze, also Tatze des Bären. Bärlapp ist keine Blütenpflanze, bildet dementsprechend auch keine Samen. Als Mitglied der Farngewächse werden Sporen gebildet. Beim bekanntesten Bärlapp, dem *Lycopodium clavatum*, weist das Epitheton *clavatum* auf die Sporenträger hin, welche sich keulenförmig erheben, wodurch weitere Namen zum Zuge kamen: Schlangenmoos und Katzenleiterlein.

Interessant sind die winzigen Blättchen an den Laubsprossen. Sie sind mit den schuppenförmigen, in eine weiße Haarspitze endenden Blättchen versehen. Und die sollen den Füßen eines Bären sowie eines Wolfes ähneln!

Hieronymus Bock schrieb vom »Gürtelkraut«; die Pflanze wurde als Gürtel getragen, um gegen Hexen und Unglück gefeit zu sein.

Die pulverfeinen Sporen waren das »Bletzpolver«; wurden sie angezündet, brannten sie mit blitzartigem Licht. Auch kann ein Experiment mit den Sporen durchgeführt werden: Man nimmt ein gefülltes Wasserglas, streut die Sporen oben auf, taucht einen Finger ein. Da die Sporen keine Adhäsion zum Wasser haben, perlt das Wasser vom eingetauchten Finger ab. Daher wurde es »Perlepulver« genannt (Nießen 1: 52). Die Sporen werden medizinisch zum Beispiel bei Schilddrüsenerkrankungen eingesetzt. Auch der alte Stechlin wurde mit Bärlapp therapiert; Theodor Fontane lässt in seinem Roman »Der Stechlin« die heilkundige Buschen zu Dubslav Stechlin sagen: »In de witte Tüt' is Bärlapp ...«.

BÄRLAUCH
Allium ursinum

Der Bärlauch wächst und lebt im Wald, wie es auch der Bär tut. Im Namen *Allium ursinum* ist der Bär verewigt, der *Ursus arctos*, der Braunbär.

Alle Pflanzennamen, in denen Wildtiere vorkommen, sind sehr alt. Wir können nur Vermutungen anstellen, warum manche Pflanzen so heißen, wissen auch nicht, wann genau der Name entstand. Schon Plinius soll die Pflanze so genannt haben; das war vor zirka zweitausend Jahren! Was haben Pflanze und Bär gemeinsam? Steht der nach Knoblauch duftende Lauch auf dem Speiseplan der Bären? Finden wir etwas Bärenhaftes an der Pflanze? Beides können wir verneinen.

Wahrscheinlich ist es die Jahreszeit, welche die Verbindung zwischen Tier und Pflanze herstellt. Beide beenden im Frühling ihre Winterruhe. Wenn die Bärin ihre Bärchen aus der Höhle führt, drängen sich auch die ersten Blätter des Bärlauchs ans Licht.

Auf dem Speiseplan des Braunbären steht diese mehrjährige Zwiebelpflanze wohl nicht; der Geruch, welcher den Blättern und schneeweißen Blüten entströmt, versetzt den Wald in eine Knoblauchwolke. Waldknoblauch wurde die Pflanze auch genannt. Mit seinem ätherischen Öl und Vitamin C ist Bärlauch für uns Menschen eine gesunde Frühlingskost, auf die wir uns freuen können.

BÄRWURZ
Meum athamanticum

In der »Rheinischen Volksbotanik« lesen wir, dass Berwurtz wohl zuvor »Gebärwurz« hieß. Das Mittelhochdeutsche »bern« soll »tragen, gebären« bedeuten. Die Stadt Bern hat wie Berlin einen Bären im Wappen. Unser Pflänzchen wurde auch Beerenfenchel, Beermutterwurtz und Bärwurzel genannt (Nießen 1:52). Das Grimmsche Wörterbuch weist auf Zusammenhänge zwischen diesem Kraut und der Geburt eines Kindes hin; wir lesen, dass die Gebärwurz »ein kraut (ist), welches das gebären befördert«.

Nicht nur bei der Geburt soll das Kraut hilfreich gewesen sein. Im Neuen Kräuterbuch von Leonhart Fuchs aus dem 16. Jahrhundert finden wir weitere Indikationen:

»Beerwurtzwasser getruncken
eröffnet die verstopffung der Leber / der Nieren
Harngäng / und der Blasen
vertreibet die Geelsucht
Wassersucht
den schmertzen der Därm und der Mutter
führet auss den Stein
treibet den / vertreibt die Harnwinde
und das tröpfflingen harnen.«

Noch heute wird die Bärwurz geschätzt, zum Beispiel wird eine Kur mit Bärwurz-Birnen-Honig als »Karminativum« für einen gesunden Darm empfohlen. Die Pflanze verfügt über aromatische ätherische Öle, welche spasmolytisch auf den Darm und den benachbarten Uterus wirken. Früher wurde sie als Abortivum eingesetzt. Eventuell kann der Gattungsname »Meum« auf »maîa« (Hebamme) zurückgeführt werden (s. Genaust:383f).
Verbreitet ist die Pflanze insbesondere in West- und Mitteleuropa bis Bulgarien und Kalabrien. Sie wird auch angebaut und bildet die Grundlage für den Bärwurz-Schnaps und für die Anwendung in der Phytotherapie. In manchen Gegenden würzt sie Käse und Suppe.
Die Bärwurz gehört zur großen Familie der Doldenblütler, *Apiaceae*, in der sowohl Gewürz- und Heilpflanzen, wie der Kümmel, als auch Nahrungspflanzen, wie die Möhre, aber auch Giftpflanzen, wie der Schierling, vertreten sind. Die Familie umfasst über vierhundert Gattungen. Unsere Bärwurz hat ihre eigene Gattung, was »monotypisch« genannt wird.
Auffallend an ihr ist der starke aromatische Geruch auch der getrockneten Pflanze. Besonderes Merkmal sind die mehrfach gefiederten Blätter mit haarförmigen Abschnitten. Das Rhizom (unterirdische Sprossachse) verfügt über einen bräunlichen Faserschopf.

BIENENRAGWURZ
Ophrys apifera

Bei der Benennung der Arten der Orchideengattung *Ophrys*, Ragwurz, wurde in die Tierschublade gegriffen; die Ähnlichkeit der Blüten mit Insekten und anderen Tieren legte dies nahe. Hier fand Co-Evolution par excellence statt. Die Blüte der Bienenragwurz erscheint den männlichen Bienen als weibliche Biene; männliche Bienen werden angelockt und beim Versuch der Kopulation mit den Blüten die Pollenpakete in besonderer Verpackung auf den behaarten Kopf geladen. Die winzigen Pollen sind zu einer klebrigen Pollenmasse, zum so genannten Pollinium, vereinigt, die oft mit Klebscheiben versehen sind.

Fliegenragwurz: Links: Blüte. Mitte: Kopf einer Langhornbiene mit vier Pollinien. Rechts Kopulationsversuch (Heß:180).

Doch nicht genug damit. Verblüffend ist auch die Ausbildung raffinierter Sexuallockstoffe, welche »Weibchenduft« genannt werden. Dazu weisen taktile Reize der Blütenbehaarung die Bestäuber darauf hin, wo vorderer und wo hinterer Blütenteil ist. So können die Pollinien an richtiger Stelle abgeliefert bzw. Kopulationsversuche punktgerecht gemacht werden. Der Gipfel der Raffinesse ist, dass die Insekten einer »Täuschblume« aufgesessen sind; sie werden bei ihrem Blütenbesuch nicht mit Nektar belohnt. Die aufgeladenen Pollenpakete werden zwecks Bestäubung zu einer anderen täuschenden Bienenragwurz transportiert, wo auch keine Beköstigung stattfindet. Die Bienen lassen sich immer wieder aufs Neue täuschen. Oder es gibt eine Belohnung, von der die Biologen noch nichts wissen.

Blütenbiologie ist wunderbar und sehr kompliziert, an Pflanze und Tier bestens angepasst. Klar ist, dass Orchideenschutz auch Insektenschutz bedeutet; beide sind aufeinander angewiesen. Außer der Bienenragwurz gibt es noch die Fliegen-, Hummel-, Drohnen- und Spinnenragwurz.

Die Ragwurzarten unterscheiden sich u.a. in der Größe der Pflanze; es gibt bis fünf Zentimeter kleine und große bis neunzig Zentimeter. Die Blüten bestehen immer aus sechs Blütenblättern. Dabei ist eine enorme Blütenvielfalt bei den zirka dreißigtausend Orchideenarten entstanden; Orchideen bilden die zweitgrößte Pflanzenfamilie der Erde; sie haben zahlreiche Biotope erobert und nicht zuletzt auch unsere Fensterbänke.

Zahlreiche Ragwurzarten haben ihre Heimat im Mittelmeergebiet, wo sie die trockenen Sommer und die kalten Winter dank ihrer beiden unterirdischen Speicherknollen gut überstehen. Wie bei allen Pflanzen, welche nur mit einem Keimblatt das Licht der Welt erblicken, den so genannten Einkeimblättrigen, sind ihre Blätter auffällig unauffällig ausgebildet.

BIENENSAUG
Lamium album

Nicht nur Bienen saugen gerne an den Blüten dieser Pflanze. Auch Hummeln und Kinder machen dies gerne, jedenfalls dann, wenn es sonst nichts Süßes gibt. Wir kennen sie auch als Taubnessel.

Die schönsten Lippen im Pflanzenreich haben die Lippenblütengewächse. Während die zart behaarte Oberlippe die Staubblätter mit den Pollensäcken beherbergt, ist die oft mit Saftmalen verzierte Unterlippe Landeplatz für die Bestäuber; von hier aus können die Bienen als Bienensaug in Aktion treten und den süßen Nektar aus der Kronröhre saugen. Hellgelbe Pollen landen dabei in die Pollenhöschen an den Hinterbeinen der Bienen, die nektargetränkt wieder davon fliegen.

Oberlippe von vorn

Lippenblüte von der Seite

An vielen Stellen begegnen wir dieser Pflanze. Von April bis Oktober blühen sie an Wegen und Wiesen, Ruderalplätzen und als Straßenbegleitgrün.
Außer der Weißen Taubnessel gibt es noch die Goldnessel *(Lamium galeobdolon)*, die Rote Taubnessel *(Lamium purpureum)*

und die Riesennessel *(Lamium orvala)*, welche auch den schönen Namen »Nesselkönig« trägt.

Nesselkönig
Lamium orvala

»Taub« sind sie, da sie keine richtige »Nessel« sind wie die Brennnessel. In der Phytotherapie sind sie wegen ihrer entzündungshemmenden Wirkung geschätzt. Manch junges Blatt und junger Trieb landen auch in der Salatschüssel.

BOCKSBART
Tragopogon

cksbart von
agopogon major

»Tragos« ist von Bock abgeleitet, das griechische »Pogon« von Bart. Ob von der Ziege oder vom Schaf wurde nicht überliefert. Die zu Pappushaaren umgewandelten Kelchblätter sähen dem Bart eines Bockes ähnlich, meinten unsere Vorfahren, nachdem sie das davonfliegende Früchtchen samt Samen und Pappus näher betrachtet hatten. Der Wiesen-Bocksbart hat lediglich Zungenblüten aufzuweisen und gehört in die Unterfamilie der Korbblütler namens *Cichorioideae*, wie die Wegwarte und deren Varietät, welche wir als Chicorée kennen.

Der unreife Fruchtstand des Wiesenbocksbarts wurde früher gerne von den Kindern gegessen. Sie sangen dabei: »Botsebart, Schelmenart, komm rus, dann fress ich dich.« Süß ist der Stängelsaft des Wiesen-Bocksbartes, weshalb die Pflanze auch »Sööthoot«, Süßholz, genannt wurde (Nießen 1:264).

Auch andere Teile sind essbar. Junge Pflanzen schmecken wie Spargel, und zubereitete Wurzeln schmecken wie Schwarzwurzeln. Auch rohe und gekochte Blätter können unseren Speiseplan bereichern. Die Pflanze blüht von Mai bis Juli. Dabei öffnen sich die Blüten morgens und bleiben geöffnet bis zur Mittagszeit. Dann schließen sie sich wieder. Etwas für die Blumenuhr.

BOCKSHORNKLEE

Trigonella foenum-graecum

Nicht nur der Bock stand Pate bei den volkstümlichen Namen dieser Pflanzen; auch die Kuh im Kuhhornklee, die Ziege im Ziegenhorn, der Hirsch im Hirschwundkraut und das Reh im Rehkorn. Doch wurde die Pflanze auch »Feine Grete« und »Schöne Margreth« genannt; warum wohl? Suchen wir nach Hörnern bei dieser Schmetterlingspflanze. Die finden wir bei den Früchten, den Hülsen. Diese Früchte gleichen – was die Form betrifft – den Hörnern diverser Haus- oder Wildtiere, je nachdem, welches Tier gerade in Sichtweite auszumachen ist.

Der botanische Name dagegen ist tierfrei. Das »tri« im Gattungsnamen Trigonella soll ihm von Linné wegen des dreieckigen Schiffchens der Blüte verpasst worden sein. Bei dem Epitheton *foenum-graecum* geht es um griechisches Heu.

Das im Süden Europas bis Indien und Australien verbreitete Kraut kommt auch verwildert in Deutschland vor. Vielerorts wird es als Heilpflanze angebaut, wie in Marokko und Frankreich. Im Capitulare de villis von Karl dem Großen war es bereits im 8. und 9. Jahrhundert zum Anbau empfohlen worden.

Die Samen werden als Gewürz genutzt. Der Naturheilkundler Sebastian Kneipp meinte, »Foenum graecum ist das beste von allen mir bekannten Heilmitteln zum Auflösen von Geschwülsten und Geschwüren.« Auch wird es heute bei Diabetes mellitus und zur Minderung von Symptomen bei Parkinsonpatienten angewandt.

BOCKSRIEMENZUNGE
Himantoglossum

Eine der wenigen Arten aus der Gattung Himantoglossum, welche in Europa beheimatet ist, ist die Bocksriemenzunge. Die Zunge des Bocks soll riemenartig aussehen wie der mittlere Lappen dieser Orchidee!
Die sechs Blütenblätter der Orchidee sind stark verändert. Die drei äußeren bilden eine Art Haube. Von der Lippe der drei inneren Blütenblätter ist der mittlere Lappen besonders lang und nicht nur das, er ist auch ein wenig in sich verdreht. Er gleicht einem langen Riemen, aber ob dieser der Zunge eines Bocks gleicht, sei dahingestellt. Die beiden äußeren Lappen sind kürzer und am Rand gewellt.

Die Bocksriemenzunge wächst gerne auf kalkhaltigen, trockenen Böden auf Grasland, Feldern und in lichten Wäldern.

DRACHE mit Baum, Kopf und Wurz

In Konrad Kyesers Handbuch »Bellifortis« ist die Illustration »Reiter mit Drachen« aus dem 15. Jahrhundert enthalten.

Drachenmäßig ist der Eindruck, welcher ein Jahrhunderte alter »Baum« auf die Betrachter macht. Wie es bei »Drachen« üblich ist, wachsen Köpfe nach, wenn einer der Triebe abgeschlagen wird. Und Flügel hat er, mit denen er überall hinfliegen kann. So ist es beliebt, im Herbst einen Drachen steigen zu lassen, entweder in die Luft oder wenn er zu ihr geht, wie die »Puhdys« immer noch singen.
Schaurig schön ist es, über einen Drachen zu reden. Warum nicht in der Pflanzenwelt? Dort gibt es Pflanzen, welche seinen Namen tragen, seien es nun Bäume, Köpfe oder die Wurz. Die Pflanzen sind mehr oder weniger gewaltig, zeigen ein aufgesperrtes Maul ohne Maulgeruch, was von der Blüte der Drachenwurz nicht behauptet werden kann.
An einen Drachen erinnerten auch Ohr und Wurzel anderer Pflanzen, sei es das Schwein oder die Schwalbe. Siehe dazu unter Schweinsohr und Schwalbenwurz.

KANARISCHER DRACHENBAUM
Dracaena draco

Mein liebster Drachenbaum ist der, der in meinem Zimmer steht. Er ist noch ganz klein, gerade einmal zwei Jahre alt. Er wird länger leben als ich, Hunderte von Jahren könnten ins Land gehen.

Die berühmtesten Drachenbäume stehen auf den Kanarischen Inseln; hier sind sie Wahrzeichen mit seinen uralten Exemplaren. Ob noch der Baum in Orotava auf Teneriffa steht, vor dem Alexander von Humboldt vor über zweihundert Jahren beeindruckt stand? Nebenstehende Abbildung wurde gezeichnet von Marchais nach einer Skizze von Alexander von Humboldt, gestochen von Bouquet.

Der Drachenbaum gehört zu den so genannten Monokotyledonen, Einkeimblättrigen Pflanzen. Zu denen gehören alle Nadelgehölze, auch die große Gruppe der Gräser und Spargelgewächsen, zu denen der Drachenbaum gehört. Einkeimblättrige heißen, weil sie mit einem einzigen Kotyledon, Keimblatt, keimen.

Dracaena draco gehörte früher zu den Liliengewächsen wie unsere Tulpen. Heute sind nur noch Spezialisten in der Lage, richtige systemati-

sche Einordnungen vorzunehmen, da durch umfangreiche molekularbiologische Untersuchungen große Umstellungen stattfinden.
Besonders ist am Drachenbaum, dass er nur auf den Kanarischen Inseln und in Nordafrika endemisch ist; dort ist seine Heimat. Baumförmig sieht er aus, ist aber keiner. »Schopfbaum« wird er genannt wie es für Palmen üblich ist. Zwanzig Meter kann er hoch werden. Doch Jahresringe weist er nicht auf wie es für Zweikeimblättrige mit sekundärem Dickenwachstum charakteristisch ist. Meist verzweigt er sich erst mit dem Alter; dann legt er seine ›Drachenköpfe‹ an. Seine Laubblätter werden bis sechzig Zentimeter lang. Blüten sieht man selten; zum einen ist der Drachenbaum bereits sehr hoch wenn seine Blüten erscheinen, zum anderen erscheinen die Blüten erst ab dem elften Lebensjahr, und dann auch nur in großen Abständen von ungefähr fünfzehn Jahren.
Meist sind die Drachenbäume angepflanzt; wild wachsende Pflanzen finden sich nur noch an schwer zugänglichen Stellen. Wegen seines Saftes, aus welchem vielerlei Produkte geschaffen worden waren und das Abzapfen zu mühsam erschien, wurde er gefällt, bis es kaum noch wild wachsende Drachenbäume gab und er dem gleichen Schicksal entgegensah wie sein Namensgeber. Nun steht er auf der Roten Liste gefährdeter Arten.

NORDISCHER DRACHENKOPF

Dracocephalum ruyschiana

Dass dieses eher zarte Pflänzchen »Drachenkopf« genannt wird, mutet unpassend an. Der hübsche Lippenblütler besitzt eine Blüte, welche dem aufgesperrten Maul eines Drachen ähneln würde, meinten unsere Vorfahren. Die hatten im 16. Jahrhundert, als die in Asien beheimateten Pflanzen in Europa erschienen, vielleicht näheren Kontakt mit Drachen. Von unangenehmen Mund- bzw. Maulgeruch kann bei diesem Pflänzchen keine Rede sein. Im Gegenteil, die blauen Blüten duften angenehm nach Melisse, was Menschen und Bienen mögen.

Die Pflanze wird bis vierzig Zentimeter hoch und blüht von Juli bis August. Sie mag Wärme und Sonne und Kalk. Gerne hinterlässt sie Samen, welche für weitere Drachenköpfe mit Ober- und Unterlippen im nächsten Jahr sorgen.

Unser Lippenblütler trägt seine Oberlippe mehr oder weniger stark gebogen, so dass seine vier Staubblätter und der Griffel mit den zwei Narben sich darin verbergen können. Die dreilappige Unterlippe ist bester Landeplatz für die Bestäuber. Die streifen mitgebrachten Pollen an den Narben ab und nehmen neue Pollen von den Staubblättern in Empfang. Der pelzige Rücken zum Beispiel von Holzbienen ist bestens für diesen Service geeignet.

Die Pflanze mit dem Furcht erregenden Namen sieht nicht nur gut aus, sondern wird auch in der Küche geschätzt. Blüten und Blätter sind Ausgangspunkte für Tees und Alkoholisches, auch für Süßspeisen und Kuchen. Drachenköpfe verschiedener Arten eignen sich zur Tischdekoration. Vielleicht begegnen die pflanzlichen hier den wahrlich Furcht erregend aussehenden tierischen Drachenköpfen, *Scorpaena scrofa*, aus dem Meer, welche – nun nicht mehr giftig – eine Delikatesse sein sollen.

Drachenkopf *Scorpaena scrofa*

DRACHENWURZ
Dracunculus

Solch eine Pflanze möchte wohl niemand in der Wohnung haben. Sie stinkt. Nach Aas! Andererseits wäre sie ein guter Fliegenfänger, da diese Insekten auf Fleischfarbe und Aasgeruch stehen. Im Garten wächst und gedeiht diese ungewöhnliche Pflanze gut und ist mit hundertzwanzig Zentimeter ein richtiger Hingucker. Auch die als fußförmig bezeichnete Blattspreite mit ihren bis fünfzehn »Zehen« ist ein Highlight für Pflanzenfreunde.

Drachenwurz mit rotem Hochblatt und stinkendem roten Kolben links

Blatt des Drachenwurz

Die Pflanze betreibt den ganzen Aufwand mit fleischfarbenem Hochblatt und stinkendem Kolben, um mit denen die Fliegen anzulocken. Die sollen die Bestäubung der Blüten vornehmen. Blüten sind nicht zu sehen. Wie beim Aronstab (s. Gebauer 2015: 22ff) haben wir es bei der Drachenwurz mit einer Kesselfallenblume zu

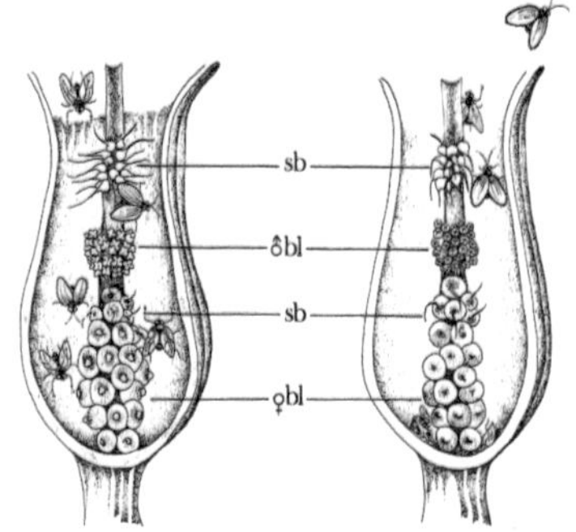

tun. Dem Aasgeruch des Kolbens erlegen, fallen die Fliegen in den Kessel, laden ihre mitgebrachten Pollen auf die weiblichen Blüten ab, bekommen den auf sie rieselnden Pollen auf den Rücken und dürfen nun die Kesselfalle verlassen.

Kesselfallenblume. Aronstab

Wer die Pflanze in ihrer Heimat betrachten möchte, dem wird eine Reise ins Mittelmeergebiet empfohlen. Hier wächst sie auf nährstoffreichen feuchten Böden in den Wäldern von Korsika bis Kreta und der Türkei.

KLEINE ENTENGRÜTZE

Lemna minor

Auch im Englischen erfreut die Entengrütze die Schwimmvögel; dort heißt die Kleine Wasserlinse »Common Duckweed«. *Lemna gibba*, die »Fat Duckweed«, wird dort die »Bucklige Wasserlinse« genannt, da sie im Sommer eine stark aufgetriebene Unterseite aufweist. Jedenfalls haben dort die »ducks« wie bei uns die Enten, aber auch Gänse und die Fische immer etwas zu fressen; bei uns gibt es Grütze nur zum Nachtisch.

Das, was wie ein Blättchen aussieht, ist keines. Es ist die Sprossachse, die nun das Aussehen eines Blättchens hat, was botanisch »Phyllocladium« heißt (siehe unter Mäusedorn). Jedenfalls schwimmt die Entengrütze auf dem Wasser, was sie kann, da sie in den schwimmenden Phyllocladien Hohlräume mit Luft besitzt. Die Blüten sind so klein, dass man sie zur Blühzeit von Mai bis Juni vom Ufer aus so gut wie nicht wahrnehmen kann. Die Früchtchen sind noch kleiner, von den Samen gar nicht zu reden. Die breiten sich schwimmend auf der Wasseroberfläche aus. Das Pflänzchen hat neben den morphologischen Besonderheiten auch noch eine ungeschlechtliche Vermehrung. Seitlich sprosst es aus der Mutterpflanze hervor.
Bleibt nur noch die Frage: Was macht die Entengrütze im Winter? Nachdem sie im Herbst gespeichert hat, was sie zum Überleben braucht, lässt sie sich einfach auf dem Teichboden sinken.

GEWÖHNLICHES FERKELKRAUT
Hypochaeris radicata

Die Verwandtschaft mit dem Löwenzahn ist offensichtlich. Wie der Zahn des Löwen, dens leonis, gehört auch das Gewöhnliche Ferkelkraut zu den Korbblütlern; beide lassen nur ihre Zungenblüten blühen. Das Ferkelkraut übertrifft den Zahn des Löwen an Höhe; es kann bis zu siebzig Zentimeter hoch werden.

Doch was hat diese Pflanze mit Ferkeln zu tun? Bestehen irgendwelche Ähnlichkeiten? Das kann verneint werden. Vom Ferkel lässt sich bei der Pflanze bis auf die verstreut borstigen Haare auf den Blättern im Vergleich mit den Börstchen auf der Ferkelhaut nichts finden.
Wird die Pflanze vielleicht gerne von den jungen Schweinen gefressen? Das wird behauptet (Nießen 1:93). Beim Buddeln warten bittere Wurzeln auf sie, die wohl auch nicht vom Borstenvieh gerne verspeist werden. Auch wenn *radicata* im Epitheton extra auf die Pfahlwurzel hinweist.
Choíros, das Ferkel, ist im Namen drin. Es muss Zusammenhänge geben! Beschrieben wurde die Pflanze unter diesem Namen von dem schwedischen Botaniker Carl Linné. Ich tendiere zu folgender Betrachtung: Es liegt eine Missachtung sowohl des Ferkels als des Pflänzchens vor. Begründung: Die Pflanze gehört zu der Gruppe von Blattgemüsepflanzen, in welcher Kopfsalat, Eichblattsalat, Chicoree, Radicchio und andere zuhause sind. All dies wird von uns gegessen, nur das Ferkel-

kraut nicht. Es ist Schweinefraß, nichts für die menschliche Ernährung! In dieser Hinsicht ähnelt das Ferkelkraut der Hundsrose, welche auch angesichts der Kulturrosen missachtet wird, zumindest im Namen. Doch vielleicht wird das Ferkelkraut einmal entdeckt in unseren Zeiten der Hinwendung zu Wildgemüse und der Erkenntnis, dass bittere Wurzeln für Magen und Darm gesund sind.

In Italien heißt Ferkelkraut »Porcelle enracinée«, auch mit Schweinchen drin. Im mediterranen Gebiet gibt es auch den Strahligen Schweinssalat, *Hyoseris radiata*.

Im Englischen werden Ferkel nicht beachtet, was den Namen betrifft. Dort haben wir es mit einem ganz anderen Säugetier bzw. einem Teil von ihm zu tun, mit dem Katzenohr! Mit »Haariges Katzenohr«, »hairy cat's ear«, ist wie beim Löwenzahn die »Pusteblume« gemeint.

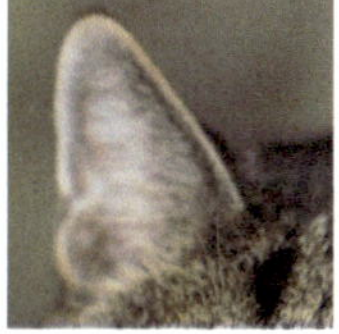

Des Löwenzahns (links) und das Ferkelkrauts Pusteblume (rechts), zum Pusten bereit

Unser Pflänzchen blüht von Juni bis Oktober auf kalkarmen Böden. Vielleicht schauen wir es uns einmal genauer an und buddeln die bittere Wurzel aus.

VENUS-FLIEGENFALLE

Dionaea muscipula

Seitdem diese in Nordcarolina und Südcarolina beheimatete Pflanze in Europa bekannt wurde, erregt sie auch dort die Gemüter. So etwas Raffiniertes! Blätter, welche Fliegen fangen! Schon beschäftigte sich die wunderbare Dichterin Annette von Droste-Hülshoff mit ihr: »Ergründen möcht ich, ob das Blut, das grüne, kein Lebenspuls durch jene Kräuter trägt, ob Dionea (sic!) um die kühne Biene bewusstlos ihre rauen Netze schlägt…«, schrieb sie in ihrem Gedicht »Instinkt«, welches 1844 erschien.

Venus soll Patin bei dieser Namensgebung gewesen sein. Die Pflanze geht wie beim Fliegenfang besonders hinterhältig vor. Und der Liebesgöttin wird so etwas angedichtet! Bei der Pflanze können wir den Fliegenfang betrachten, wenn »hinterhältig« auch nicht ein passender Begriff für die raffinierte, lebensnotwendige Ernährungsweise einer Pflanze ist. Von Venus ist bekannt, dass es nicht Fliegen waren bzw. sind, welche in ihr Beuteschema passen. Kommt ein Insekt von bestimmter Größe und Gewicht den Fühlhaaren zwischen den Blatthälften zu nahe, klappen diese zu, und es gibt kein Entrinnen mehr. Nur die zu kleinen Insekten können zwischen den »Zähnen« wieder in die Freiheit schlüpfen.

Es gibt eine Muschel, die Venusmuschel, welche ebenfalls sehr raffiniert ihre Beute fängt.

Oder spielte die Muschel, in welcher sich die schaumgeborene Göttin der Liebe dem Land näherte und von dem Maler Sandro Botticelli im Jahre 1485/86 so gemalt wurde – bei der Namensgebung der Pflanze zirka dreihundert Jahre später eine Rolle?

Warum und womit Pflanzen Insekten fangen, kann aus zwei Gründen geschehen. Entweder die Blüten sollen bestäubt werden, dann werden die Blüten zum vorübergehenden Gefängnis, dessen Türen sich nach Bestäubung wieder öffnen. Oder die Pflanzen benötigen insbesondere Stickstoff, da dieser nicht oder zu gering im Boden vorhanden ist; dann ist der Stickstoff der Insekten gefragt und die Pflanzen sind dann nicht nur Insekten fangend, sondern auch Insekten fressend, insektivor. Mittlerweile ist der Mechanismus dieses Fliegenfangs so gut wie gänzlich bekannt.

Klar ist, dass im späten Herbst und Winter nicht gefangen wird, da sind Fliegen nicht unterwegs. Wenn diese sich im Frühling wieder auf den Weg machen, hat die Fliegenfalle schon geblüht und ihre Fangblätter mit dem verbreiterten Blattstiel und den fleischfarbenen Blattspreiten samt duftender Flüssigkeit ausgebildet.

Falle mit verbreitertem Blattstiel, Blattspreiten mit Fühlborsten

Wichtig sind die Fühlborsten in der Falle. Von denen wird registriert, wenn ein Insekt passender Größe und Gewicht sie berührt und so das blitzschnelle Zusammenklappen sowie das Ausschütten verdauender Sekrete ermöglicht wird. Raffinierte Mechanismen spielen eine Rolle.

FLOHKRAUT
Pulicaria dysenterica

Es ist spannend, bei dem Pflänzchen etwas zu entdecken, was mit einem Floh zu tun haben könnte. Morphologische Ähnlichkeiten gibt es nicht. Riecht das Kraut nach Flöhen? Oder vertreibt es diese stechenden Insekten? Vielleicht mögen Flöhe es gerne, oder irgend etwas springt daran wie ein Floh. Weist es kleine Punkte auf, welche Flohstichen ähneln?
Die Brüder Grimm bringen uns auf eine Idee. Dort wird auf den Arzt und Botaniker Adam Lonitzer (1528-1586) verwiesen, der über das Flohkraut schrieb: »wie von flöhstichen besprengt…«. Auch findet sich bei den Grimms der Hinweis, »das kraut morgens im taw in den kammern und gemach gestrewet, vertreibet die flöhe, doch das man die gemach alsbald mit einem besen auskehre.« Danach soll das Pflänzchen den Flohstichen ähnliches aufweisen sowie Flöhe in die Flucht treiben. Da wir bisher keine anderen Erklärungen haben, bleiben wir erst einmal dabei.

Das Artepitheton *dysenterica* führt uns zu der Ruhr, einer Durchfallerkrankung, welche mit diesem Kräutlein bis zum Beginn des 19. Jahrhunderts behandelt worden sein soll; daher hatte es auch den Namen »Ruhrwurz« bekommen. Mit diesem Namen ist *Pulicaria* nicht allein. Da gibt es noch andere Korbblütler, wie *Gnaphalium* und Strohblumen sowie Fingerkräuter, die Ruhrkraut genannt werden.
In der Apotheke können Samen vom »Flohkraut« erstanden werden,

wenn es mit dem Darm Schwierigkeiten gibt. Diese Samen stammen jedoch von Wegerichgewächsen, wie *Plantago psyllium* oder *Plantago indica.*

Unser Flohkraut ist eine Staude mit behaarten Stängeln und Blättern. Es blüht von Juli bis September mit hübschen goldgelben Körbchen, in denen sich sowohl Röhren- als auch Zungenblüten befinden. Es fühlt sich auf feuchten Wiesen, Bach- und Flussufern wohl.

EUROPÄISCHER FROSCHBISS

Hydrocharis morsus-ranae

Eine kleine Wasserpflanzenfamilie, die Froschbissgewächse, *Hydrocharitaceae,* führen den Frosch in ihrem Namen. Neben diesem ist auch die Krebsschere hier zuhause.

Erinnern die Blätter an ein Froschmaul? Das wird öfter zur Erklärung des Namens angegeben. Frösche sitzen gerne auf den Blättern des Froschbisses, die wie kleine Seerosenblätter aussehen. Diese quakenden Wassertiere sollen für die Einkerbung der Blätter verantwortlich sein.

Morus ranae, der Biss des Frosches

Gern im Wasser lebend, so wird *hydrocharis* übersetzt. Das taten die Frösche schon vor 2400 Jahren. Auch quakten sie zu dieser Zeit schon. Das verführte den griechischen Komödiendichter Aristophanes zur Niederschrift seiner Komödie »Die Frösche«. Frösche waren damals gerne im Wasser des Unterweltflusses Styx zugegen. Dionysos hörte das Quaken, als er auf dem Weg in den Hades war. Was wollte der Dichter uns mit seiner Froschkomödie sagen? Meinte Aristophanes mit den Fröschen etwa die Dichter, welche lediglich ein Quaken von sich gaben (und geben)?

In den siebziger Jahren wurde »The Frogs« mit Meryl Streep im Swimming-Pool einer amerikanischen Universität aufgeführt. Richtige Frösche oder Froschbisspflänzchen waren wohl nicht als Schauspieler engagiert.

Doch zurück zu unseren Wasserbewohnern. Die Pflanzen sind nicht immer im Grund verwurzelt. Dank ihrer zahlreichen Ausläufer bilden sie große Teppiche. Wenn sie im Hochsommer blühen, können die relativ kleinen Blüten mit weißen Kronblättern besichtigt werden. Die Pflanzen sind einjährig, ihren weiteren Bestand verdanken sie besonders den so genannten Winterknospen, welche sich im Herbst bilden, auf den Grund sinken und im Frühling neue Pflänzchen austreiben. Das können Gartenteichbesitzer gut beobachten.

FUCHSSCHWANZGEWÄCHSE
Amaranthus caudatus

Die Ähnlichkeit des Blütenstandes mit dem Schwanz eines Reineke Fuchs ist offenbar, wenn auch der obige buschige Blütenstand dem eines jungen Füchsleins gleicht. Wenn der Blütenstand ausgewachsen ist, ist er bis 1,50 Meter lang. Meist ist er rot.

Die Pflanzenfamilie stammt aus Südamerika, einige Arten und Kultursorten sind seit Mitte des 16. Jahrhunderts hierzulande bekannt, werden angepflanzt, um unsere Gärten zu zieren oder landen mit ihren Früchten und Samen auf unserem Teller. In Süd- und Mittelamerika werden die Samen schon seit Jahrhunderten gegessen; sie liefern als Pseudogetreide insbesondere Eiweiß; das wird auch von den Blättern geliefert, die roh gegessen werden können. Die Samen sind bei Glutenunverträglichkeit zu empfehlen wie auch bei Eisenmangel.

GÄNSE mit Disteln, Blümchen und Füßen

Unsere Hausgänse, von denen zahlreiche insbesondere nach dem Martinstag ihr Amt als wehrhaftes Sicherheitstier nicht mehr ausüben können, gingen mindestens in die Namen von drei Pflanzen ein. Einmal ist es sogar eine ganze Familie, die Familie der Gänsefußgewächse, die Gattung der Gänsedistel und einem Blümchen, das allen bekannt ist, das Gänseblümchen.

Seit nunmehr vier Jahrtausenden begleiten Gänse den Menschen. Es war zunächst die Graugans, deren Eier, Federn und Fleisch Eingang in die Küche fanden.

ACKER-GÄNSEDISTEL
Sonchus arvensis

Disteln sind es eigentlich nicht, diese Gänsedisteln. Als Disteln wird eine Gruppe der Korbblütler bezeichnet, wie die Silberdistel oder die Zungen-Kratzdistel. Doch wegen ihrer bewehrten Blätter mit Borsten und Stacheln wird auch unsere Gänsedistel so genannt. Den Gänsen scheint es nichts auszumachen, die am Blattrand borstig-stachligen Gebilde mitzufressen. Wie alte volkstümliche Namen belegen, wie Wilder Hasenkol, Sawdistel und Taubendistel, langten auch andere Tiere zu. Saumelk und Melkkrut sowie Milchdistel verweisen auf den Milchsaft der Gänsedistel.

Unsere Gänsedisteln sind Korbblütler, welche nur gelbe zungenförmige Blütenblätter aufweisen, also keine röhrenförmigen, wie es unserem Gänseblümchen eigen ist. Damit gehört die Gänsedistel zur Unterfamilie der Korbblütler, den *Cichorioideae*, von denen die Wegwarte, *Cichorium intybus*, und deren Wurzel als Zichorienkaffee bekannt sind. Auch Chicorée, deren Blätter zusammen mit der Wurzel in der Erde heranwachsen, stammt von einer Wegwarte ab, ist deren Varietät.

Wie der Löwenzahn ist auch die Gänsedistel eine Pusteblume. Sie lässt ihre Früchtchen mit Schirm davonfliegen, nicht nur in Deutschland, sondern auch in anderen Ländern Südeuropas, auf den Kanarischen Inseln und Madeira, in Nordafrika und Vorderasien.

Früchtchen mit »Schirm«, *Sonchus asper*

Zungenförmiges Blütenblatt

GÄNSEFUSSGEWÄCHSE
Chenopodium

Die schönsten Gänsefüße weist unser Guter Heinrich, *Chenopodium bonus-henricus*, auf, eine zur Zeit verkannte Küchenpflanze (Gebauer 2015:39f).

Charakteristisch für die tierischen Gänsefüße sind die Schwimmfüße. Gänse sind Wasservögel, dessen Fuß wie ein Paddel mit der breiten Fläche das Wasser effektvoll nach hinten schaufelt. Das können unsere Gänsefußgewächse nicht, wenngleich den paddelförmigen Blättern auch so etwas zugetraut werden könnte. Die tierischen Schwimmhäute sind elastisch, sie entfalten sich und ziehen sich zusammen. Geht der Gänsefuß nach hinten, sind die Schwimmhäute ausgeklappt, gehen sie nach vorn, klappen die Schwimmhäute ein und leisten dem Wasser nicht mehr so viel Widerstand. Entfalten und Zusammenziehen können die Enten ihre Füße ohne nachzudenken, es geht »automatisch«.

Gänsefußähnliches Blatt vom Guten Heinrich

Bis zum Jahre 2012 gab es noch die Familie der Gänsefußgewächse, *Chenododiaceae*; dann wurden sie den Fuchsschwanzgewächsen, *Amaranthaceae*, einverleibt.

Nicht alle sechzehn Arten der in Deutschland vorkommenden Gänsefußgewächse weisen typische »Gänsefüße« auf.

Während das Betrachten von tierischen Gänsefüßen mit einem Gang ans Wasser verbunden ist, begleiten uns die pflanzlichen während eines Landganges auf Schritt und Tritt. Unter dem »Straßenbegleitgrün« können wir den Weißen Gänsefuß, *Chenopodium album*, schnell ausmachen; mit dem haben wir auch die sogenannte Typusart der Gattung vor uns (anhand von Exemplaren dieser Art wurde die Gattung bzw. früher die Familie beschrieben). Der Weiße Gänsefuß wurde auch »Gecke« genannt, da dieser »geckenhaft oft in großen Mengen in den Kartoffelfeldern hoch aufragen«, als seien sie über allem erhaben; »daher die Redensart: ›Do stonn die Gecken‹« (Nießen 1:104). Der Weiße Gänsefuß wurde bereits vor über zweitausend Jahren gegessen; er gehörte zur letzten Mahlzeit des Mannes von Tollund; aus dessen Mageninhalt waren außerdem Knöterich und Leinsamen analysiert worden (Berliner Zeitung, 26.11.2009, Lebendig im Moor versenkt). Andere Gänsefüße begegnen uns auf dem Teller, zum Beispiel als Spinat. Begeistert sind auch zahlreiche Insektenarten von den Gänsefüßen, welche sie gerne besuchen.

GÄNSEBLÜMCHEN
Bellis perennis

Die Gans kommt im wissenschaftlichen Namen der Pflanze nicht vor. Hier heißt sie *Bellis perennis*, was so viel heißt wie »Schöne Ausdauernde«. Das Pflänzchen hatte zahlreiche andere Namen, wie Marienblümchen und Maßliebchen. Auf den Bildern der Alten Meister fehlt sie so gut wie gar nicht. Wird Maria mit dem Kind im Hortus conclusus abgebildet, sprießen neben den Erdbeeren – die auch nicht fehlen durften – die Maßliebchen aus der Erde. So zum Beispiel auf dem Gemälde von Hans Memling Thronende Maria mit dem Kind, um 1480/90 gemalt.

Wie unsere Hausgans steht das Gänseblümchen auf einem Bein und ist mit den Farben weiß und gelb ausgestattet (wenn sie sich nicht zu einem Besuch fein gemacht hat, wie Beatrix Potter sie mit blauem Kopftuch und gemustertem Umhang ausrüstet. (Siehe auch Gebauer 2015:26f.)

Umschlag der Erstauflage, 1908

GEISS mit
Bart und Blatt,
Fuß und Raute

»Geiß« so wurde die weibliche Ziege früher genannt; das ist ein schöner Name, welcher uns an das Märchen von den sieben Geißlein erinnert. Leider ist diese Bezeichnung im Verschwinden begriffen. Zicklein ist auch ein Name für die Jungtiere, Geißbock für den Papa. Als *Capra aegagrus hircus* sind sie Hornträger, Wiederkäuer und Paarhufer. Ziegen folgten als Haustiere den Hunden und Schafen; heute sind sie bei der gewachsenen Anzahl der Anhänger von Ziegenmilch und -käse wieder mehr in heimischen Ställen zugegen; auch Eis aus Ziegenmilch wird immer beliebter.

Ziegenmilch wird heute anders als zu Zeiten der Kindheit von Göttervater Zeus zu sich genommen. Der kleine Zeus hing wie ein Zicklein

am Ziegeneuter der Amalthea. Mit ihrem Füllhorn ging die Ziege Amalthea in die Geschichte ein.
Laut der nordischen Mythologie nährte die Ziege Heidrun die Helden nicht mit Milch; Met floss aus ihren Eutern, was auch eher der passende Trunk für erwachsene Helden war.

Als negativ könnten Hörnchen und Ziegenfüße des Hirtengottes Pan gewertet werden, welche später auch vom Teufel getragen wurden. Dem Teufel soll auch der unangenehme Ziegengeruch angehaftet haben.
Außer diesem Geruch gibt es über eine Ziege nichts Negatives zu sagen. Eine »Beistellziege« im Stall soll beruhigenden und ausgleichenden Einfluss auf aggressive und depressive Pferde haben. Weniger oft ist heute die Bezeichnung eines weiblichen Wesens als »blöde Ziege« zu hören, dagegen gehört »Zicke« noch immer zum jugendlichen Wortschatz.

Es gibt eine Pflanze namens Geißfuß in der Familie der Doldenblütler, aber eine ganze Familie namens Geißblattgewächse, *Caprifoliaceae*. Als Geißfußgewächs ist der Giersch bei uns nicht gerade beliebt, außer das »Gartenmüschen« wird als Vitaminspender und mineralstoffreichem Grün zum Salat oder Smoothie verarbeitet. Das Geißblatt haben Ziegen jeden Alters zum Fressen gern. Ein Geißblatt mit dem interessanten Namen »Jelängerjelieber« ging mit schönen Geschichten in die Literatur ein (Gebauer 2016:75ff). Geißbärte stehen heute noch gerne in Parks und Gärten. Die Geißraute hat ihren Platz in der Pflanzenheilkunde.
Die mediterranen Ziegen mit ihren Bärten und Fell standen in der Antike in hohem Kurs. Mit ihrer Hilfe wurde von einem Cistrosengewächs, *Cistus creticus*, das wunderbar duftende Labdanum »geerntet«. Der Völkerkundler Herodot (zirka 490-430 v. Chr.) soll darüber geschrieben haben, das es den schönsten Geruch habe, aber vom übelriechendsten Ort stamme. Das ätherische Öl der Pflanzen bliebe an den Bärten und Beinen der Ziegen kleben und könne so abgenommen und verarbeitet werden (s.a. Baumann: 89).

Blüte von Cistus creticus

GEISSBART
Aruncus dioicus

Die Pflanze namens Geißbart gehört einer Familie an, welche durch ihre Schönheit und ihren Duft beliebt ist, der Familie der Rosengewächse. Doch pflanzlicher wie tierischer Geißbart duften nicht, sie stinken, was den tierischen betrifft. Aber darauf kommt es dieses Mal nicht an, sondern aufs Aussehen. Die Ähnlichkeit zwischen blühendem und tierischen Geißbart ist nicht zu leugnen.

Der blühende »Gääsebart« ist groß und buschig wie ein Strauch, ist aber keiner. Er ist ein bis 1 Meter 50 hoher, sogenannter *Hemikryptophyt*, welcher im Winter meist noch eine Weile mit seinen Früchten stehen bleibt; aber irgendwann ist von ihm fast nichts mehr zu sehen. Er hat sich in die Erde zurückgezogen und verbringt den Winter dort, wo seine speichernden unterirdischen Sprossachsen im nächsten Frühling wieder für sein oberirdisches Dasein sorgen.

Geblüht wird im Sommer mit winzigen, aber massenhaft erscheinenden cremefarbenen bzw. weißen Blütchen, die von zahlreichen Insekten besucht werden.

Diese Winzlinge hängen an bis zu dreißig Zentimeter langen Blütenständen. Bei den cremefarbenen männlichen Blüten sehen wir die zahlreichen Staubblätter mit den gelblichen Staubbeuteln.

Männliche Blüten des Geißbarts

Die weiblichen Blüten sind weiß: 

Sind die Früchte im Oktober herangereift, färbt sich der »Geißbart« braun.

Der Geißbart wird gerne in Parks und Gärten angepflanzt. Er liebt es mehr oder weniger sonnig und nährstoffreich und steigt in den Bergen bis 1500 Meter zu den Ziegen hoch.

Sind die Früchte im Oktober herangereift, färbt sich der »Geißbart« braun.

GEISSBLATTGEWÄCHSE
Loniceraceae

JELÄNGERJELIEBER
Lonicera caprifolium

Das Horn der Ziege selbst ist in den botanischen Namen der Pflanzenfamilie *Caprifoliaceae* eingegangen.

Seine Blüten sind so hübsch, ihr abendlicher Duft so betörend, dass jeder verzaubert vor dem Strauch steht, wenn er blüht. Die Ziegen tun dies immer; Hauptsache ist es für die Tiere, dass sie an die leckeren grünen Blätter kommen, die Geißblätter, vielleicht mögen sie auch die Blüten. Schon Shakespeare lässt im Sommernachtstraum die Elfenkönigin Titania über »sweet honeysuckle« sprechen. Rubens stellte sich und seine Frau in solch einer Geißblattlaube dar, natürlich in der Dämmerung, wenn die Blüten beginnen zu duften und damit die Nachtschmetterlinge anlocken.

GEISSFUSS, GIERSCH
Aegopodium podagraria

Wir wollen uns beim Geißfuß dessen Namen zuwenden und uns kaum mit der Verzweiflung beschäftigen, in den dieser penetrante Doldenblütler so manchen Gartenbesitzer treibt.
Uns interessiert der »Fuß«, der Geißfuß. Sieht nun der pflanzliche einem tierischen Geißfuß ähnlich? Wir wissen, dass die Geiß als Paarhufer im Gebirge bestens klettern kann.
Von Blättern, welche den tierischen Hufen ähnlich sehen, kann keine Rede sein. Und doch ist dieser volkstümliche Name »Geißfuß« bis heute aktuell. Neben den beiden Hufen ist eine dritte Zehe nach hinten gerichtet. Ob dies in der Eifel zum Namen »Dreifuß« führte?
Im folgenden einige Spekulationen zum »Geißfuß«. Vielleicht wurde die Pflanze als Heilpflanze bei kranken Ziegenfüßen eingesetzt; gegen Gicht und Rheuma hilft sie ja noch heute. Im botanischen Namen weist das Artepitheton *podagraria* auf die Podagra, die Gicht, hin. So soll es auch »Podagramskraut« und »Zipperleinskraut« geheißen haben; um Leipzig herum war sein Name »Ziegenkraut«.
Leider haben unsere Vorfahren nicht aufgeschrieben, warum sie dem Pflänzchen diesen Namen gaben. Vielleicht sind sie deshalb so penetrant und überfluten den Garten mit ihren Nachkommen. Volkstümliche, auch nicht erklärbare Namen aus Ulm und Appenzell wären für unseren Giersch auch schön gewesen, wie »Witscherlenwertsch« oder »Wuchchrut«.

Vielleicht bringt ein Instrument namens »Geißfuß« Licht in den Namen. Es war ein Gerät, welches die Zahnärzte zu Goethes Zeiten benutzten, um faulen, aber fest sitzenden Zähnen den Garaus zu machen. Auf die Festverankerung weist »Geer« und »Geerwortel« hin, wie unser Pflänzchen auch genannt wurde. »Geer« war ein Fischgerät, welches unserem Geißfuß ähnlich war und mit seinen Widerhaken so fest im Boden verankert war wie die Wurzel des Geißfußes und sich kaum herausziehen ließ. Diese Tatsache wird es sein, welche den »Fuß« im pflanzlichen Geißfuß erläutert. Heutige Gartenbesitzer kämpfen wie ihre Kollegen vor Jahrhunderten schon gegen den pflanzlichen Geißfuß im Garten. Des Zahnarztes Geißfuß ist dagegen nicht mehr im Einsatz. Andere Ziegenfüße gibt es heute immer noch zahlreich: zum Beispiel als Werkzeug, als Name für Familien und Rittergüter. Doch damit nicht genug, gibt es mehrere nordamerikanische Seen mit dem Ziegenfuß im Namen, wie der Ziegenfuß Lake in Michigan. Auch ein Pilz und eine Prunkwinde von tropischen Stränden heißen so:

Ziegenfuß-Porling

Blüte und paarhufig angeordnete Fiederblätter der Ziegenfuß-Prunkwinde, *Ipomoea pes-caprae*

Eine aus Südafrika eingewanderte Pflanze hat Paarhufähnliches an sich; es sind die Fiederblätter, welche dem Nickenden Sauerklee seinen botanischen Namen gaben: *Oxalis pes-caprae*.

GEISSRAUTE
Galega officinalis

Zart rosaviolett sind die kleinen Schmetterlingsblüten gefärbt, die der zirka vierzig Zentimeter hohen Geißraute gehören. Volkstümliche Namen weisen auf ihren früheren Gebrauch als Heilpflanze hin. Da ist die Rede von Fleckenkraut, Pestilenzkraut, Pockenraute und Suchtkraut. Der botanische Name *Galega officinalis* deutet auf Verwendung in der Heilkunde hin. Verweist »gála« auf Milch? Richtig! Die Pflanze selbst enthält keinen Milchsaft, fördert jedoch den Milchfluss bei Wöchnerinnen. Dies sollen Untersuchungen belegt haben, und zwar ist die milchfördernde sowie blutzuckersenkende Wirkung unter anderem auf den Inhaltstoff Galegin zurückzuführen. Damit ist der botanische Name erklärt. Doch was ist mit der Geißraute? Es gibt im Pflanzenreich Wiesenraute, Weinraute, Eberraute und die Familie der Rautengewächse, *Rutaceae,* mit ihren bekannten Vertretern, den Zitrusgewächsen. Zahlreiche Mitglieder der Familie enthalten ätherisches Öl und gingen in die Heilkunde ein. Vielleicht bekam die Geiß die Pflanze als milchförderndes Kraut zu fressen, um auch ihren Milchfluss zu fördern. Den Ziegenkindern und auch den Ziegenbauern war an einer Ziege gelegen, welche reichlich ihre Milch fließen ließ! Die Pflanze wächst im Süden Europas und Kleinasiens – oft so rasant, dass sie als »invasive« Pflanze eingestuft ist; man ist bestrebt, ihre massenhafte Ausbreitung zu verhindern.

HABICHTSKRAUT
Hieracium

Bereits der römische Gelehrte Plinius d.Ä. soll diese Korbblütler nach dem Habicht benannt haben, nach »hiérax«. Plinius meinte, die Habichte hätten mit dem Saft dieser Pflanzen ihre Augen gestärkt (Nießen 1:126). Ähnliche Geschichten über die Augenstärkung kennen wir vom Schöllkraut, *Chelidonium majus* (Gebauer 2015:37f). Ansonsten schweigen sich die Gelehrten zur Namensgebung aus. Unsere Vorfahren wandten sich einem der Beutetiere des Greifvogels zu: den Mäusen. So hieß die Pflanze auch »Mausörlein« oder wegen der gelben Blütenfarbe auch »Geel Mausörlein«. Einer der Väter der Botanik Hieronymus Bock (1498-1554) nannte es »Klein-Mausohr« (Nießen 1:126). Andere meinten, der Name »Nagelkraut« sei für das Pflänzchen angebracht, da »dieweil es die vernagelde Pferde heylt«.

Diese Pflanze ähnelt mit ihren gelben Zungenblüten unserem Löwenzahn und gehört wie dieser der Familie der Korbblütler an.

Es gibt ein orangerot blühendes Habichtskraut, *Hieracium aurantiacum*. Gartenbesitzer pflanzen es gerne auch als Bodendecker; es ist leicht zu pflegen, blüht fleißig und kann gegessen werden. Die Blütenknospen sollen nach Bitterschokolade schmecken! Auch Schmetterlinge landen gerne auf den Blüten. In der Volksmedizin gilt die Heilpflanze als entzündungshemmend und krampflösend.

HAHNENFUSSGEWÄCHSE
Ranunculaceae

SCHARFER HAHNENFUSS
Ranunculus acris

Es gibt eine Anzahl von Hähnen, wie Zapfhahn oder Wasserhahn. Hier ist die Rede von unserem männlichen Haushuhn, *Gallus gallus domesticus,* auch Gockel genannt. Ist er kastriert, haben wir einen Kapaun vor uns, welcher im Bratentopf landet. Es geht um unseren tierischen Wecker, welcher früh morgens auf dem Bauernhof mit seinem Kikeriki erfreut. Doch wie sehen eigentlich die Füße eines Vogels aus? Der Hahn ist ja schließlich der Namensgeber für die große Pflanzenfamilie der Hahnenfußgewächse mit zweieinhalbtausend Arten.

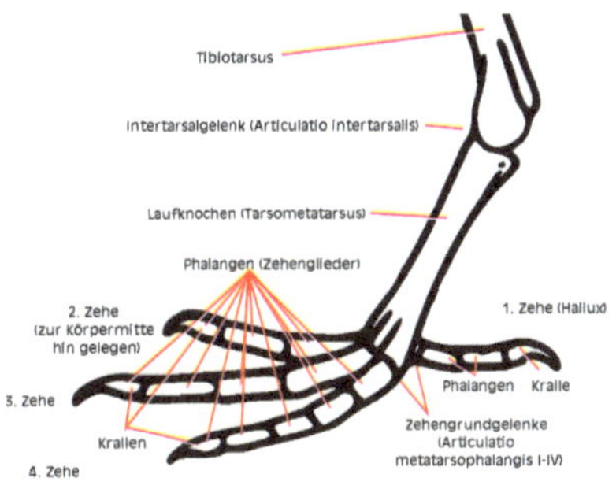

Wir zählen vier Zehen, von denen drei nach vorn und ein Zeh, nun Sporn genannt, nach hinten gerichtet ist (s.a. Hahnensporn-Weißdorn). Bei unseren Hahnenfußgewächsen muss viel Phantasie aufgebracht werden, um ihre Blätter hahnenfußförmig zu nennen.

Was hat sich der schwedische Botaniker Carl Linné gedacht, als er sich für den Frosch bei der wissenschaftlichen Namensgebung entschied? Der volkstümliche Name steht dem wissenschaftlichen Familienname

Ranunculaceae gegenüber. »Rana«, das ist der Frosch. Vielleicht hat Linné an den Standort vieler Hahnenfußgewächse gedacht, der oft im feuchten bis nassen Milieu ist, also dort, wo auch Frösche zeitweise zuhause sind? Und wir sehen den grünen Gemeinen Wasserfrosch und ein gelbes Hahnenfußgewächs, die Sumpfdotterblume, *Caltha palustris*:

So können wir den volkstümlichen Namen doch irgendwie mit dem wissenschaftlichen Namen in Beziehung setzen durch ihren Standort, zumindest was einen Teil der Pflanzenfamilie angeht.
Zahlreiche Pflanzen der Hahnenfußgewächse sind bekannt. Wir denken an die bezaubernden Leberblümchen, die Akelei mit ihren traubenförmigen Blüten, die Jungfer im Grünen, die Trollblume, von den Elfen für die Trolle des Nachts angezündet.
Der Kriechende Hahnenfuß geht seinen eigenen Weg, was Gärtner und Bauer nicht so gut finden. Er wächst schnell und zwar dort, wo er nichts zu suchen hat. Auf Äckern und Gärten steht er ungefragt und treibt dank seiner Ausläufer zahlreiche neue Pflänzchen.
Der weiß blühende Wasser-Hahnenfuß, *Ranunculus aquaticus*, wurde im Rheinland auch Fischbutter, Waaterblümke und Fröschpfeffer

genannt. Die Pflanze weist zwei verschiedene Blattformen auf; Dimorphismus nennt man so etwas.
Interessant ist der Flutende Hahnenfuß, *Ranunculus fluitans*; er wurde wegen seiner im Wasser befindlichen Blätter auch »mächtiger Haarwuchs des Wassermanns« genannt, da seine bis drei Meter langen fadenförmigen Blätter wie Haare im Wasser schwimmen.

HAHNENSPORN-WEISSDORN

Crataegus crus-galli

Das sind gewaltige Dornen, welche der prächtige Hahnensporn-Weißdorn sein eigen nennt. Bis sechs Zentimeter können diese lang werden; es sind Achselknospen, welche in solch wehrhafte Gebilde umgewandelt sind. Der Sporn des Hahnes ist in den botanischen Namen eingegangen; *crus-galli* heißt das Artepitheton, welches der schwedische Botaniker Carl Linné der Pflanze vor über 260 Jahren verpasste.

Mindestens ein Hahn ist nötig im Hühnerhof. Sind zwei da, gibt es Ärger. Dann kommt der am Fuß nach hinten gerichtete Sporn zum Einsatz. Auch sonst ist mit dem Hahn nicht zu spaßen; wenn dem der Kamm schwillt, verheißt das nichts Gutes. Bei unserem männlichen Haushuhn gibt es pro Bein drei nach vorn gerichtete Zehen, nach hinten ist ein Sporn gekehrt.

Die Dornen bei unserem Hahnensporn-Weißdorn sind kaum zu zählen. Er hat Dornen im Gegensatz zu einem anderen Rosengewächs, der

Rose, die bekanntlich Stacheln aufweist, also Auswüchse der Epidermis und nicht umgewandelte Blätter oder Sprossachsen wie bei den Dornen. Es wird vermutet, dass Dornen in der Evolution als Fraßschutz ausgebildet wurden.
Der Baum blüht zum Sommeranfang mit weißen Blüten. Die Früchte sind Äpfelchen, welche alles haben, was einen Apfel ausmacht, nur eben im Miniformat. Zuhause ist dieser Baum im östlichen Nordamerika.

Zahlreiche Pflanzen verfügen über einen Sporn. Der ist aber meist mit Nektar gefüllt und in den Blütenblättern zu finden. Ein zarter Sporn ist bei einem unserer Frühlingsblümchen, dem Lerchensporn, *Corydalis solida,* zu sehen. Der Sporn sticht nicht, ist auch nicht in solch großer Zahl vertreten. Es ist der Sporn des Blütenblatts.

HASEN mit
Glöckchen und Klee
Brot und Ohr

Die Abbildung zeigt das Aquarell »Feldhase« von Albrecht Dürer, 1502. Mit Glöckchen geschmückt sollen die Hasen um die Osterzeit gesichtet worden sein. Vielleicht brauchen diese fleißigen Eierleger und Eieranmaler das Glockengeläute, damit es bei der stressigen Arbeit besser läuft. Die Glöckchen werden allerdings nur von den Hasen gehört, daher haben sie besonders lange Hasenohren. Menschen lauschen vergeblich. Klee mögen Hasen gerne, auch verfügen sie über ihr eigenes Brot, welches ebenfalls nur ihnen zugänglich ist.

Unser Feldhase ist rar geworden. Selten sehen wir ihn auf seinen langen Hinterbeinen über ein Feld hoppeln oder Haken schlagen. Vorbilder für die Namensgebung unserer Pflänzchen sind seine langen weichen Ohren, auch sein Schwänzchen; fraglich ist, ob der Hase sein Hasenbrot gerne mag. Hasenbraten mögen einige Menschen, an dem bis sieben Kilogramm schweren Tier können mehrere Wildliebhaber satt werden. Der Hase ist ein Pflanzenfresser, doch nicht nur; er frisst im Winter auch Baumrinden und seinen eigenen im Blinddarm mit Vitaminen angereicherten Kot.

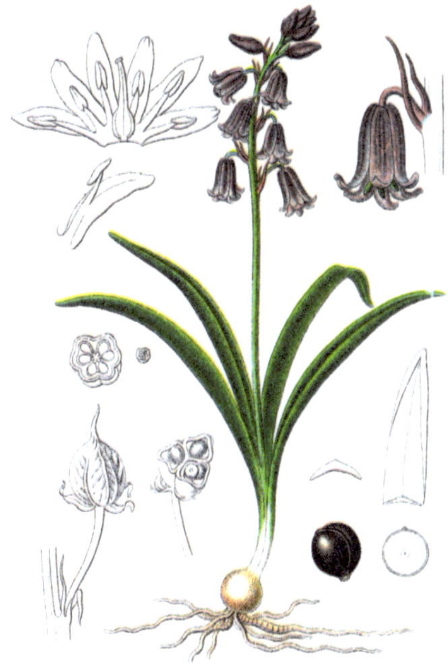

ATLANTISCHES HASENGLÖCKCHEN
Hyacinthoides non-scriptus

Die Hasenglöckchen – neuerdings – aus der Familie der Spargelgewächse, *Asparagaceae*, zuvor waren sie bei den Liliengewächsen zuhause, sind in Südeuropa zuhause. Andere kommen in Nordafrika vor. Wir können uns am Atlantischen Hasenglöckchen erfreuen. Sie gleichen den Hyazinthen, haben aber den schöneren Namen. Glöckchen für die Hasen! Da soll doch einmal einer sagen, dass Pflanzenfreunde nicht romantisch seien.

Die pflanzlichen Hasenglöckchen mit ihren cremefarbenen Staubblättern in dunkelblauen Blütenglöckchen mit zurückgebogenen Blütenzipfel duften!
Sie sind nicht so bekannt wie die Hyazinthen, dabei wurden sie bereits Ende des 16. Jahrhunderts bei uns gesichtet. Verwildert kommen sie in Norddeutschland auf alten Friedhöfen vor.

HASENOHR
Bupleurum

Auf der Abbildung oben von Thomé, Flora von Deutschland, Österreich und der Schweiz, 1885, ist links das Rundblättrige Hasenohr, *Bupleurum rotundifolium*, rechts das Sichelförmige Hasenohr, *Bupleurum falcatum*, zu sehen.
Einem tierischen Hasenohr am ähnlichsten sind die Blätter des Sichel-Hasenohrs, *Bupleurum falcatum*.
Hasen sind Säugetiere mit langen Ohren; die pflanzlichen Hasenohren gehören zu den Doldenblütlern, wie Fenchel und Möhre. Die verschiedenen europäischen Hasenohr-Arten treffen wir nur selten in Feld und Flur, vielleicht einmal auf dem Acker; oft wird das Pflänzchen als »Unkraut« angesehen.
In China wachsen 42 andere Hasenohren, in Amerika kommen auch einige vor.

Das Rundblättrige wird auch Durchwachsenes Hasenohr genannt, was auf der Abbildung gut erkennbar ist und was bei den tierischen Hasenohren erst einmal nicht vorkommt.
Kennzeichen der Gattung sind die ungeteilten ganzrandigen Laubblätter, während die meisten Doldenblütler gefiederte Blätter haben, wie der Bärenklau (s. S. 11).

HASENKLEE
Trifolium arvense

Der fünfblättrige Blütenkelch ist im basalen Bereich verwachsen, im oberen Bereich sind die Kelchzipfel spitz ausgezogen, rötlich gefärbt und mit weißen Härchen geschmückt.

Der Hasenklee gehört wie andere Kleearten zur Familie der Schmetterlingsblütler, *Fabaceae*. Die zahlreichen Blüten sind winzig und zart; im Blütenstand ähneln diese einem flauschigen Hasenschwänzchen. Nach der »Lampe« von Meister Lampe suchen wir beim pflanzlichen Hasenklee vergebens. Andere Tiere sind auch flauschig, wie die Katzen, weshalb das Pflänzchen auch Katzenklee genannt wurde, Katzenschwanz und Mauseklee.

Ob der Hasenklee von Hasen gefressen wird? Die Pflanze ist voll von Gerbstoffen, was der Hase nicht so gerne mag. Als Heilpflanze dagegen kommt die Pflanze insbesondere bei Durchfall zum Einsatz.
Der Hasenklee wird bis dreißig Zentimeter hoch. Er wächst auf lichten, trockenen Böden und sandigen Äckern. Wo die einjährige Pflanze wächst, ist sie in Massen anzutreffen.

HASENBROT
Luzula campestris

Außer dem wieder nach Hause mitgebrachten Pausenbrot – dem Hasenbrot – gibt es noch ein anderes Hasenbrot. Ein Binsengewächs wird so genannt.

Samen mit weißen, eiweißreichen Anhängsel. Sind sie die Grundlage des winterlichen Hasenbrots?
Ameisen mögen die Samen des Hasenbrotes. Deren Samen verfügten über ein so genanntes »Elaiosom«. Dieses relativ große, eiweißreiche Anhängsel ist begehrt bei den emsigen Sechsbeinern. Stehen diese Samen auch auf dem Speiseplan unserer Vierbeiner? Hasen sind reine Pflanzenfresser; im Frühling und Sommer sind sie mit Stängeln und Blättern vieler Pflanzen zufrieden.
Spätestens im Herbst und Winter brauchen sie täglich mehr als ein Kilogramm zum Knabbern und Mümmeln. Wenn die Früchtchen unseres Hasenbrotes reif sind, könnten die Samen als eiweißreiche Kost in den Hasenmagen wandern – und in seinen Blinddarm. In dem bildet sich ein vitaminreicher Nahrungsbrei; den nimmt der Hase nach Ausscheidung auf und deckt so unter anderem den Vitamin B1-Bedarf.

Das Hasenbrot wird bis zwanzig Zentimeter hoch; es hat grasartige Blätter und einen Blütenstand, welcher bis fünf hübsche Blütchen trägt. Die erkennen wir, wenn eine Lupe unterstützend hinzugenommen wird. Manche Früchtchen bleiben am Hasenfell kleben, wodurch die Pflanzen durch Meister Lampe verbreitet werden.

Besonders gerne halten sich unsere Hasen auf dem Kohlacker auf, auch wenn es hier kein so eiweißreiches Hasenbrot gibt:

Walter Heubach, 1865-1923

HIRSCHZUNGE

Phyllitis scolopendrium

Wieso die pflanzliche Hirschzunge so heißt, ist einigermaßen nachzuvollziehen. Es ist die Form des Blattes, die einer tierischen Hirschzunge ähneln soll. Auch unterscheidet sich die pflanzliche Hirschzunge von der eines Hirsches dadurch, dass die Zunge nicht allein ist, sondern dass es zahlreiche sind, welche Ende April als Blätter aus dem Boden sprießen.

Hirschzunge im Frühling. Alte Blätter sterben ab; junge Blätter sind noch eingerollt, s. Pflanzenmitte

Die Zungen können bis an die fünfundvierzig Zentimeter lang werden. Wie bei den meisten Farnen befinden sich an den Blättern die Sporen, die hier in längs gestreiften so genannten Sori auf den Blattunterseiten versammelt sind.

Hirsche wie Hirschzungen sind in Wäldern zuhause, wo es licht bis schattig ist und der Boden humusreich ist. *Asplenium scolopendrium* steht auf der Roten Liste, ist also eine besonders geschützte Art.

HUND mit

Rose und Petersilie,
Veilchen und Kamille,
Gift, Zahn und Zunge,
Wurz und Rauke

Warum trägt die hübsche Heckenrose auch den weniger schönen Namen »Hundsrose«? Eine Rose für den Hund? Oder ein Hund für die Rose? Als Carl Linné diese Art im Jahre 1753 als *Rosa canina* in seiner »Species Plantarum« aufführte, übersetzte er den volkstümlichen Namen. Doch eine Erklärung für die Namensgebung wurde nicht geliefert. Die wollen wir versuchen zu finden.

Haben Pflanze und Tier irgendwelche morphologische Ähnlichkeiten, wie es bei vielen Pflanzen und Tieren der Fall ist? War die Hundsrose ein Heilmittel gegen Hundekrankheiten? Hängt es mit der Blühzeit zusammen, welche in die sommerlichen »Hundstage« fällt, wenn Sirius im Sternbild Großer Hund, Canis Major, im Zenit steht? Dies würde zeigen, wie stark die Heilkunst auch mit der Sternenkunde verbunden war, meinen Forscher. Diese Erklärungen scheinen aber nicht stimmig zu sein. Hat es etwas mit der Abstammung des Hundes vom Wolf, *Canis lupus*, zu tun? Der Haushund wird wie dessen Unterart behandelt; sein wissenschaftlicher Name lautet *Canis lupus familiaris*. Ähnlichkeiten zwischen Pflanzen, Hunden und dessen Wolfabstammung können nicht für die Namensgebung herangezogen werden.

Es müssen andere Ähnlichkeiten da sein. Es sind solche, wie der Mensch sein Haustier Hund betrachtete, welche Position er einnahm. Die Erzählung von Wolfgang Borchert (1921-1947) mit dem Titel »Die Hundeblume« half bei der Suche. Borchert hat sich wohl selbst wie eine solche gefühlt, als jemand, der getreten werden konnte, als er sich im Nürnberger Militärgefängnis befand. In der Erzählung geht es um einen Gefangenen, welcher eine Hundeblume im Gefängnishof entdeckt; sie war das einzig Lebende in seiner Umgebung! Er nahm das Pflänzchen mit in seine Zelle; in der folgenden Nacht starb er. In einem Brief schrieb Borchert kurz vor seinem Tod, dass es »diesen Hundeblumen-Mann gab, dass er 21 Jahre alt war und hundert Tage in einer Einzelzelle saß mit dem Antrag des Anklagevertreters auf Tod durch Erschießen!«. Eine »Hundeblume« ist das Ärmste, was es in der Pflanzenwelt gibt. Hier liegt der Schlüssel für den Namen! Borcherts Hundeblume war der Löwenzahn, pflanzensoziologisch zur Trittrasengesellschaft gehörend. Wie passend! Betrachten wir dazu den Ausspruch »Auf den Hund gekommen«. Er verdeutlicht, dass ein Mensch in schlimme Umstände geraten ist.

Im Deutschen Wörterbuch der Grimms heißt es, »dasz, wie der verurtheilte [...] den strang um den hals trug, er auch den hund tragen sollte, damit anzuzeigen, dasz er wert sei, gleich einem hund erschlagen und aufgehängt, an der seite eines hunds aufgehängt zu werden«. Weiter wird ausgeführt, dass »auf den hund kommen, eigentlich bis zur strafe des hundetragens kommen« bedeute, und »jetzt bedeutet es theils in verächtliche oder schlimme äuszere verhältnisse, theils mit der gesundheit herunter kommen.«

Heinrich Zille, Alte Frau mit Hundefuhrwerk, um 1910

Kulturrose ohne Hund, aber mit Biene

Bezüglich unserer Hundsrose heißt dies, dass sie als »minderwertig« angesehen wurde. Da dieser Begriff relativ ist, muss geklärt werden, gegenüber wem oder was sie als minderwertig angesehen wurde. Es war die »Kulturrose«, die höher geschätzt wurde!
Einem Doldengewächs, einem Korbblütler, einem Veilchen und anderen Pflanzen erging es nicht anders. Sie wurden als Hundspetersilie, Hundskamille und Hundsveilchen bezeichnet und werden noch heute so genannt. Wenn auch nicht gezüchtet, wurden sie in ihrem »wilden« Dasein doch nicht so hoch angesehen wie ähnliche Verwandte. Was wurde als minderwertig bei einer Pflanze angesehen, dass sie den »Hund« im Namen bekam? Was wurde geschätzt und war beliebt? Es konnte der fehlende Duft sein, das Fehlen des Geschmacks, mangelnde oder keine Heilkraft, mindere Anzahl der Blütenblätter oder dass sie zur Trittrasengesellschaft gehören. Kulturrosen waren und sind Statussymbol.
Zahlreiche »Hunde«pflanzennamen sind heute nicht mehr gebräuchlich. Im Wörterbuch der Grimms sind unter anderem aufgeführt: der Hundsbaum für das Pfaffenhütchen, die Hundsbeere für die Heckenkirsche, die Hundsblüte für das Ruhrkraut, den Hundsdill für den Gartenschierling, den Hundsdorn für den Hagedorn, Hundskraut für das Bingelkraut, Hundsmelde oder auch Stinkende Hundsmelde für den Guten Heinrich, Hundsnelke für das Seifenkraut und Hundspflaume für eine Pflaumensorte (Gelbroter Spilling).
Unseren »Hundeblumen« sei zum Trost gesagt, dass Hunde für viele Menschen die besten Freunde und Beschützer sind, ob als Hof-, Hüte-, Jagd- oder Blindenhund sowie als Schoßhündchen. Große Wertschätzung brachten auch die Alten Meister den Hunden entgegen. Sie wurden unter dem Kreuz gemalt, standen bei Eheleuten, waren mit Diana auf der Jagd, waren Statussymbol und Mittler zwischen Leben und Tod. Für Friedrich den Großen waren Hunde die treuesten Begleiter. Nicht seine Ehefrau Elisabeth liegt neben ihm begraben, sondern seine Hunde. Sein Lieblingshund war ein Windspiel, wurde »Biche«, Hirschkuh, genannt und musste von den Dienern auf Französisch angesprochen und gesiezt werden. Theodor Fontane nennt die Hündin in seinem Gedicht »Auf der Treppe«, wie der Große Friedrich sie ruft: »Biche (komm, mein Biche'chen)«.

Auf diesem Ausschnitt des Gemäldes »Christus am Kreuz«, um 1515 von Gerard David gemalt, sehen wir einen weißen schnüffelnden Hund. Das erscheint uns heute befremdlich. Doch damals stellte der Hund Gegensätze dar, wie zwischen Wildnis und Zivilisation, zwischen Diesseits und Jenseits, zwischen Leben und Tod.

Der Hund war das »Tier der Schwelle«, der mehrköpfige Kerberos, der Wächter der Unterweltspforte. In altägyptischen Vorstellungen vom Herrscher der Unterwelt wurde Anubis als Totengott, der die Mumifizierungen leitete, verehrt.

Anubis über einer Mumie im Grab des Sennedjem

Ähnliche Verehrungen kommen bei »Hunde«pflanzen nicht vor. Hier bedeuten sie immer etwas Minderwertiges. Bliebe zu fragen, von wem sie so missachtet wurden und werden, denn sie wirken schön in ihrem Pflanzendasein. Kulturrosen fehlte zum Beispiel zunächst der wunderbare Rosenduft; geschlechtlich fortpflanzen können sie sich auf natürlichem Wege nicht mehr; ihre Geschlechtsorgane in den Blüten, wie Fruchtknoten und Staubblätter, wurden meist wie bei einer Operation der neuen »Schönheit« geopfert.

HUNDSROSE
Rosa canina

Viele alt bekannte einheimische Pflanzen – besonders die vom Menschen genutzten – haben mehrere volkstümliche Namen gehabt. So auch unsere *Rosa canina*. Sie war und ist eine Wildpflanze. Erst als die Menschen die Kulturrosen züchteten, werden sie ihre Schönheit diesen neuen Rosensorten entgegengestellt und sie zur »Hunderose« herabgestuft haben. Das wird Mitte bis Ende des 16. Jahrhunderts gewesen sein, als die Hundertblättrige Rose, *Rosa centifolia*, gezüchtet worden war.
Die Hundsrose ist auch als Heiderose und Heckenrose bekannt. Mit Johann Wolfgang von Goethe singen wir vom »Heidenröslein«. Das Artepitheton *canina* steht für Hund.

Rosa canina

Rosa centifolia

Doch wie schön sie ist! Mit ihren fünf zarten rosafarbenen Kronblättern, den vielen springbrunnenartig hervorsprießenden Staubblättern mit den gelben Staubbeutel und den mittig angelegten zahlreichen Fruchtblättern ist die Hundsrose eine natürliche Schönheit in großen Teilen Europas; sie schmückt Wegränder und Waldsäume, Heide und Gebirge.

Die Sammelnüsschen in dem nun leuchtend rot gefärbten ehemaligen Blütenboden, der Hagebuttenschale, können als gefürchtetes Juckpulver zum Einsatz kommen. Die Hagebuttenschalen werden zu Marmelade, Krapfenfüllung oder alkoholischen Getränken verarbeitet bzw. bei verschiedenen Erkrankungen eingesetzt.

Rosa rubiginosa

HUNDSGIFTGEWÄCHSE
Apocynaceae

KLEINES IMMERGRÜN
Vinca minor

Die Endung …*cynaceae* des botanischen Familiennamens weist darauf hin, dass wir es mit einer Pflanzenfamilie zu tun haben, welche den Hund im Namen trägt. Die Gattung *Apocynum* gab der Familie den Namen und bedeutet »Hundsgift«. Giftig ist die gesamte Pflanze, nicht nur für Hunde. Wurde die Pflanze früher in der Volksmedizin angewandt, ist dies heute verboten, kommt nur noch in Fertigprodukten vor und wird in der Homöopathie eingesetzt.

Das Kleine Immergrün ist bekannt, wächst es doch als Bodendecker an schattigen Plätzen in vielen Parks und Gärten. Als immergrüne Pflanzen werden sie auch zur Grabbepflanzung eingesetzt. Höher als fünfzehn Zentimeter wird der kriechende Halbstrauch nicht. Die blauvioletten Blüten sind von März bis Juni zu betrachten. Die Bestäubung ist kompliziert, weshalb die Vermehrung hauptsächlich vegetativ von der Pflanze bevorzugt wird und diese mit der Zeit ohne Zutun des Menschen große Flächen besiedelt.

Die Familie ist weltweit verbreitet, besonders in den subtropischen und tropischen Gebieten. Bei uns gibt es seit der Römerzeit das Immergrün in großer und kleiner Ausführung, *Vinca major* und *Vinca minor*. Sie wurden wahrscheinlich von den Römern hierher geschafft. Ein zweites Familienmitglied, die Schwalbenwurz, ist mit den raffinierten Bestäubungsmechanismen auf Seite 126 beschrieben.

ACKER-HUNDSKAMILLE
Anthemis arvensis

Im Aussehen gleichen sich Hundskamille und Echte Kamille sehr. Doch Namen wie Stinkpotsch, Gruwwelkraut Stinkbusch und Stinkbloem weisen darauf hin, dass sie nicht duftet wie die Kamille, sondern stinkt. Außer der Hundskamille gibt es als Geruchssteigerung die Stinkende Hundskamille, *Anthemis cotula*.
Doch stimmt sie mit der Echten Kamille überein, was die Familienzugehörigkeit betrifft. Beide gehören in die große Familie der Korbblütler, *Compositae*. Ein Unterschied zwischen den beiden ist die Beschaffenheit des Körbchenbodens; bei der Hundskamille

ist dieser markig gefüllt,
bei der Echten Kamille ist er hohl.

Die weißen Randblüten der Echten Kamille sind schon früh nach hinten gebogen. Die Acker-Hundskamille wächst dort, worauf ihr Name verweist.

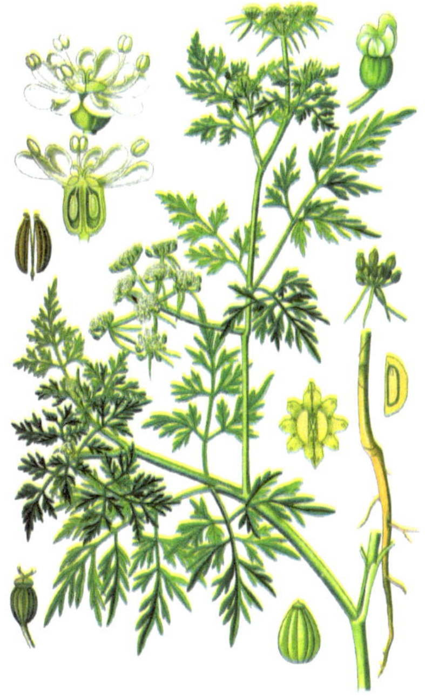

HUNDSPETERSILIE
Aethusa cynapium

Auch eine Pflanze, welche »Petersilie« im Namen trägt, ist auf den Hund gekommen. Der »Peter« im Doldenblütler *Aethusa cynapium* konnte sich vom Hund nicht trennen, was die volkstümlichen Namen betrifft. So gab und gibt es Hundspeterlein und Hundspeterling bei Memmingen; im mittelhochdeutschen wurde das Pflänzchen Honsblomen, Hundendille, Hundesblume und Hundestitel genannt. Im mittelniederdeutsch war es die Honssblume und im Althochdeutschen Hundisblume und Hundistille.

Mit der Kröte ging der Peter in Schlesien eine Hundspetersilie-Verbindung ein; die Pflanze war nun das Krötenpeterlein. In Schlesien wurde der Hund gegen dessen Feind, die Katze, ausgetauscht im Namen »Katzenpeterlein«. Der Peter stand alleine da als Stinkendes Peterlein, Wildes Peterli in der Schweiz und Wild Petersil in Mecklenburg.

Wenn die Hundspetersilie unseren Weg kreuzt auf einem Acker, einer Ruderalfläche oder im Garten, soll sie gemieden werden. Im Gegensatz zu unserem gesunden Küchengewürz namens *Petroselinum crispum* ist die Hundspetersilie sehr giftig und darf nicht gegessen werden. In der Homöopathie dagegen ist sie willkommen bei mancherlei Beschwerden.

Unterschiede zwischen beiden sind Geruch und die stark glänzenden Blattunterseiten der Hundspetersilie.

HUNDSRAUKEN
Erucastrum

Bei uns gibt es von den Rauken die Ölrauke, *Eruca sativa*, aus der Familie der Kreuzblütler, *Brassicaceae*. In dieser Familie ist auch die Gattung der Hundsrauken, *Erucastrum*, zuhause. Bei uns kommen zwei Hundsraukengewächse vor: die Französische Hundsrauke *Erucastrum gallicum* und die Stumpfblättrige Hundsrauke, *Erucastrum nasturtiifolium*.

Die Rauke ohne Hund, wie die schmackhafte Rucola, soll für den Begriff »Rauken« herangezogen worden sein (Deutsches Wörterbuch). *Eruca* ist die Rauke, in deren Schatten die Hundsrauken stehen. Daneben gibt es noch die Knoblauchsrauke, *Alliaria petiolata*, welche im Frühling mit ihren nach Knoblauch duftenden Blättern am Wegesrand darauf wartet, im Salat zu landen, und die Senfrauke, *Eruca vesicaria*, beide Kreuzblütler.

Der Familienname Kreuzblütler erleichtert dem Pflanzenliebhaber die Bestimmung, da ihre Blüten vier Blütenblätter besitzen, die sich kreuzweise gegenüberstehen. Meist ist die Blütenfarbe gelb, wir erinnern uns an die weiten Rapsfelder. Kreuzblütler ist die Familie mit den Schoten bzw. Schötchen; Schoten bestehen aus zwei Fruchtblättern, welche durch eine falsche Scheidewand getrennt sind. Die Hülsenfrüchte haben Hülsen und keine Schoten, was in der Alltagssprache noch nicht überall angekommen ist.

HUNDSVEILCHEN
Viola canina

Das Hunds-Veilchen steht eindeutig im Schatten des Wohlriechenden Veilchens, *Viola odoratum*. Es duftet nicht; es hat derbere Blätter und einen gelblich weißen Sporn im Gegensatz zum violetten Sporn des Duftveilchens. Das Hundsveilchen blüht von Mai bis Juni, wenn das duftende Märzveilchen sich mit Blüten und Duft bereits verabschiedet hat. Auch kommt ihm nicht der schöne Name »Rosenprophet« zu, wie dem Duftveilchen. Die Freude über das erste duftende Blümchen im Frühling wird dem Wohlriechenden Veilchen zugedacht wie auch die vielen literarischen Lobgesänge und Darstellungen auf Gemälden der Alten Meister, wie zum Beispiel bei der Veilchen-Madonna des Stefan Lochner (s.a. Gebauer 2015:127). Es ist nur ein »Hunds«-Veilchen. Doch es soll darum nicht weniger geschätzt werden. Es ist ein Blümchen mit wunderschöner dunkelblauer Zeichnung auf dem unteren Blütenblatt.

PYRAMIDEN-HUNDSWURZ
Anacamptis pyramidalis

Wo liegt bei dieser Orchideengattung der Hund begraben? Morphologische Ähnlichkeiten mit Hunden sind nirgends zu finden; auch die Frage gegenüber welcher Orchideengattung es sich um eine »Hunde«gattung handelt, bleibt unbeantwortet. Es muss ja auch Geheimnisse geben. Da muss der Hund bleiben, wo er ist: begraben.

Als Geophyt bildet die Hundswurz zwei eiförmige Knollen, weshalb die Hundswurz bis 1997 zur Gattung *Orchis*, den Knabenkräutern, gehörte. Nach einer sogenannten Revision der Orchideen wurde die Art aus der Gattung *Orchis* rausgenommen; doch sie bleibt wegen ihrer beiden Knollen ein Knabenkraut.

In der Gattung *Anacamptris* gibt es an die elf weitere Arten; einige von ihnen haben auch Tierisches in ihren Namen, wie das Wanzen-Knabenkraut, *Anacampsis coriophora* und das Schmetterlings-Knabenkraut, *Anacampsis papilionacea*.

Andere Orchideen tragen die »wurz« in ihren volkstümlichen Namen wie die Bienenragwurz (s. S. 19) »Wurz« steht für Wurzel, welche bereits bei frühen Pflanzenbeschreibungen so genannt wurde und sich bis heute in den Namen erhalten hat. Wir finden sie besonders bei alten Heilkräuternamen, wie Bärwurz, Bachnelkenwurz, Blutwurz, und andere. Vielleicht wurde die »wurz« unserer Orchidee früher zu Heilzwecken verwendet und niemand hat dies aufgeschrieben?

Der Gattungsname *Anacamptis* weist auf das umgekehrt sitzende Perigon der Blüte hin, bei welchem die Lippe nach oben, der Sporn nach unten gerichtet ist.

Die Pyramiden-Hundswurz kann bis vierzig Zentimeter hoch werden. Als pyramidenförmig werden die Blütenstände bezeichnet. Schmetterlinge nehmen die Bestäubung vor, ohne dafür Nektar tanken zu können. Wir haben es hier wieder mit einer Nektartäuschblume zu tun wie schon bei der Bienenragwurz. Zu finden ist diese schützenswerte Schönheit in lichten Wäldern.

HUNDSZAHNLILIE
Erythronium dens-canis

Nicht nur der Löwenzahn, *Taraxacum dens-leonis* (Gebauer 2015:116ff), auch die Hundszahnlilie führt in ihrem botanischen Namen den Zahn: *Erythronium dens-canis*. Doch wo steckt der pflanzliche Hundezahn? Und wie sieht ein tierischer Hundszahn überhaupt aus? Hundekenner

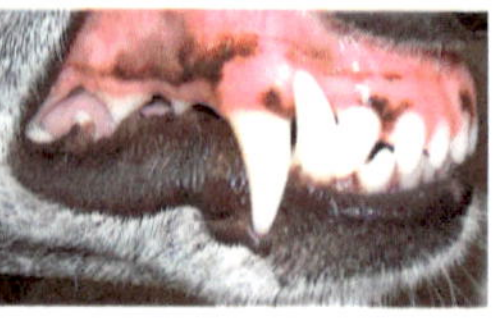

wissen, dass die Fangzähne der Hunde ein wenig gebogen sind. Um ähnliches bei unserem Pflänzchen zu entdecken, muss gegraben werden. Und dann sehen wir sie, die Zwiebel in Form eines Hundefangzahns:

Dieses überaus hübsche Blümchen gehört zu den Liliengewächsen, Liliaceae; es hat sechs Blütenblätter und sechs Staubblätter – das haben die ähnlich aussehenden Taglilien auch. Doch unterscheiden sich die beiden Sippen durch die Lage des Fruchtknotens. Bei den Lilien steht der Fruchtknoten auf dem Blütenboden, bei den Taglilien ist der Fruchtknoten in den Blütenboden eingesenkt.

Bemerkenswert sind die hübschen rosafarbenen Blütenblätter, welche schnell zurückgeschlagen sind, so dass das Blüteninnere betrachtet werden kann. Wunderbar dazu passen die dunkelviolett gefärbten Staubbeutel.

Dekorativ sind auch die Blätter. Sie erscheinen vor den Blüten, sind grau-grün und auffällig braun gefleckt.

Gefleckte Blätter der Hundszahnlilie

Im Garten kann der hübsche Frühlingsgruß mittlerweile auch gepflanzt werden. Es gibt Sorten mit purpurfarbenen bis weißen Blütenblättern. Die Pflanzen sind eigenwillig und manchmal nicht zufrieden mit ihrem nicht selbst gewählten Standort. So soll man sich nicht wundern, wenn sie im nächsten März an Stellen zu finden sind, die sie sich selbst ausgesucht haben.

Andere Zahnlilien sind in Amerika zuhause. Ihr »Zahn« ist auch hundezahnartig gebogen. Unbeantwortet bleiben muss trotzdem die Frage, warum gerade diese Zahnlilie den Hund im Namen trägt.

HUNDSZUNGE
Cynoglossum officinale

Bei dieser Pflanze ist es die Form der Blätter, welche an die schmale lange und raue Zunge eines Hundes erinnern soll. *Cynoglossum* gab einer Gattung aus der Familie der Raublattgewächse den Namen, welche über siebzig verschiedene Hundszungen zählt.

Seine hübschen Blütchen sind relativ klein, riechen wie die gesamte Pflanze nach Mäusen oder Ratten. Warum nicht nach Hunden? In der Landauer Gegend wurde sie Raddekraut und Raddefluch genannt, da sie Ratten in die Flucht getrieben haben soll (Nießen 1:147).

Die Früchtchen ähneln durch ihre vielen Stacheln kleinen Igeln. Durch die Widerhaken können sie leicht im Fell von Pelztieren haften bleiben,

sicherlich auch im Fell von Hunden. Die Pflanzen werden meist nicht in Gärten gepflanzt; wir finden sie auf sonnigen Schuttplätzen und an trockenen, nährstoffreichen Wegrändern.

IGELKOLBENGEWÄCHSE
Sparganiaceae

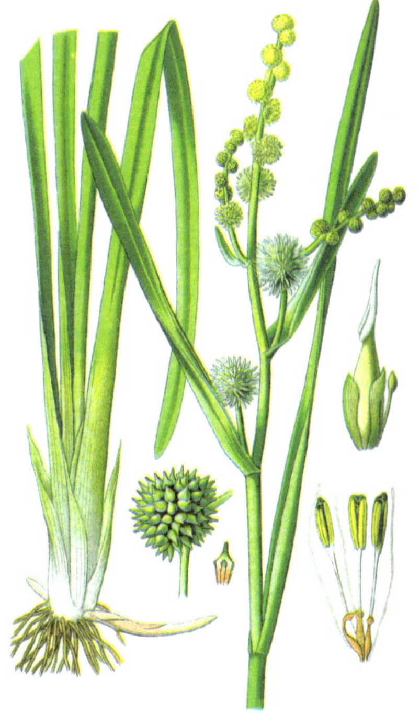

Es gibt Diskussionen über die Igelkolben. Die einen Botaniker meinen, sie bilden eine eigene Familie, andere meinen, es handele sich um eine Gattung der Rohrkolbengewächse, *Typhaceae*. Auch der Umfang der Sippe ist im Gespräch: Sind es 19 oder an die 30 Arten in Gattung bzw. Familie? Einig ist man sich darüber, dass es sich um Wasser- und Sumpfpflanzen handelt. Ihre Blütenstände zeigen getrennt geschlechtliche Blüten. Weibliche und männliche Blüten leben in einem Haus, auf einer Pflanze, was »einhäusig« genannt wird, Die weiblichen haben an der Basis des Blütenstängels ihren Platz, die männlichen haben ihren Platz darüber.

Männlicher Blütenstand und männliche Blüte mit Staubblättern

Weibliche Blüte und weiblicher Blütenstand

Mit den Früchten der weiblichen Pflanzen wachsen auch die igelförmigen Gebilde heran. Wem die Igelkolben am Gartenteich wachsen, hat auch im Winter etwas Grünes im Garten. Im Frühling werden die Überdauerungsorgane, die Rhizome, aktiviert und bringen die langen schmalen Blätter und die »Igel« in den Blütenständen hervor. Zwei Möglichkeiten gibt es für den Igelkolben, die Nachkommenschaft zu sichern: auf sexuellem Wege durch die Samen und auf asexuellem Wege durch die Rhizome.

IMMENBLATT
Melittis melissophyllum

Im »Frühlingslied an die Frömmler« von 1860, gedichtet von Ernst Moritz Arndt heißt es:
»Blumen gab der Herr der Imme,
Liebesklang der Nachtigall«.

Dieser wunderschöne Lippenblütler ist ein Liebling der Immen, der Bienen. Schon damals wusste man »mancher ist so begierig zu einem ding wie der beer zum honig, die immen zur blumen«. Auch hieß es »die immen küssen gern schöne blumen.«
Doch das war damals. Heute ist der Begriff »Imme« nur in Kreuzworträtseln gefragt. Rätselfreunde im Osten Deutschland sind im Hintertreffen, da hier die Biene unter dem Namen »Imme« nicht so bekannt ist, während sie insbesondere im Süden Deutschlands und Europas unter diesem schönen Namen auch das Immenblatt aufsucht.
Die Dichterin Mascha Kaléko (1907-1975) kannte die summende Imme:
»... Ich freu mich auch zur grünen Jahreszeit,
Wenn Heckenrosen und Holunder blühen.
Dass Amseln flöten und dass Immen summen,
Dass Mücken stechen und dass Brummer brummen ...«
(Aus: »Sozusagen grundlos vergnügt«)
Außer dem »Immenblatt« wurde eine andere Pflanze mit dem einfallsreichen Namen »Bienensaug« bedacht; das ist die Weiße Taubnessel,

Lamium album (s. S. 21). Der schwedische Botaniker Carl Linné nahm vor zirka zweihundertfünfzig Jahren die Art aus der Gattung *Lamium* heraus und schuf eine eigene Gattung: *Melittis*, in der sie bis heute einzige Art geblieben ist, was »monotypisch« genannt wird. *Melissae folio* war das Pflänzchen zuvor wegen der ähnlichen Blätter mit Melissenblättern genannt worden.

Unserer Melittis wurde als Epitheton *melissophyllum* beigegeben, was die Ähnlichkeit beider Arten zum Ausdruck bringt. Das sollen bereits der römische Dichter Vergil und der Gelehrte Plinius d.Ä. beobachtet haben; sie hatten die Pflanzen *melissophyllon* genannt. »Melisse« stammt aus dem Griechischen und meint die Biene.

Wenn sich im Mai die Blüten dieser bis fünfzig Zentimeter hohen Staude öffnen, laden die hübsch geformten und gemusterten Lippenblüten zum Bienenbesuch ein.
Die Oberlippe ist weiß; die aus drei Blütenblättern verwachsene Unterlippe hat sein mittleres Blütenblatt rot gefärbt und seine beiden seitlichen kleineren Blütenblättchen auf weißen Hintergrund mit rötlichem Muster versehen. Wunderschön! In der jungen Blüte entdecken wir Staubblätter mit reifen Pollensäcken, wenn der weibliche Blütenteil noch nicht ausgebildet ist. Das wird im Botanischen »Proterandrie« genannt, Vormännlichkeit. Das hat die Natur bei zahlreichen Pflanzenarten so eingerichtet, um Fremdbefruchtung zu sichern.
Um an den Nektar zu gelangen, muss der Rüssel von Imme oder Hummel tief in die »Kronröhre« langen; dabei werden dem Insekt notgedrungen die Pollen aus den Staubbeuteln aufgedrückt. Irgendwo blüht ein Immenblatt, dessen weiblicher Teil mit Griffel und Narbe bereits »fertig« ist; hierauf landet der frühe Pollen. Pollenschläuche werden gebildet, durch welche die männlichen Gameten zu den Eianlagen mit den weiblichen Gameten geführt werden.

Das Immenblatt ist so schön und nützlich! Mit seinem alten Namensbestandteil »Imme« führt es in unsere Ahnenwelt. Hier einige Beispiele aus alten Büchern, wie dem Deutschen Wörterbuch der Grimms:
Imme, so wurde auch der Bienenstock genannt, zum Beispiel in der Geschichte vom Eulenspiegel aus dem 14. Jahrhundert. Eulenspiegel war

in eine Imme gekrochen! Wo die Bienen im Wald unterwegs waren, war der Immenbär nicht weit, *ursus arctos.* Das Wort »Imme« hatte damals »im grunde eine allgemeinere bedeutung ..., etwa die eines volkes, schwarmes schlechthin.« Das Wort »imme« fand »auf ein bienenvolk erst in zweiter linie anwendung« ... Bienen waren »die brumser in den immenfässern«. Der Imker war der »Immenhans«, der bäurische »bienenzüchter«. Im Immentrog wurde den Bienen der mit Wasser verdünnte Honig vorgesetzt. Die Wabe war das Immenwerk. Auch gab und gibt es den Immenwolf bzw. *Bienenwolf.* Das ist der orangerot gebänderte Buntkäfer, *Trichodes apiarius,* dessen räuberische Larven sich in Nestern von Bienen zu schaffen machen.
Wenn sie ausgewachsen sind, landen sie gerne auf Doldenblütler, deren Pollen sie fressen und andere Blütenbesucher jagen.

Leider ist solch ein hübsches Immenblatt in der Natur kaum noch zu finden. Es wächst in lichten Wäldern in Süddeutschland und Südeuropa. Solch ein Grüppchen vom Immenblatt im Garten zu haben, bedeutet Schönheit, Gutes für unsere Insekten und Erinnerung an die alte »Imme« und ihre zahlreichen Bedeutungen.

KATZ UND KÄTZCHEN mit Minze und Gamander

Katzen sind bekanntlich Fleischfresser. Doch ab und an beißen sie ins Gras oder in die Katzenminze oder in den Katzengamander. Diese Pflanzen schmecken ihnen, sie sind regelrecht verrückt nach ihnen. Was Menschen beruhigt schlafen lässt, verursacht bei Katzen völlige Wachheit und großes Schmusebedürfnis. Das ist dem Baldrian zu verdanken, *Valeriana officinalis.*
Dieses Pflänzchen hat keinen Katzennamen. *Antennaria dioica* ist als Katzenpfötchen in die Literatur eingegangen. Theodor Fontane lässt in seinem Roman »Der Stechlin« die Heilpflanzen erfahrene alte Buschen zu Dubslav Stechlin sagen »In de witte Tüt' is Bärlapp un in de blaue Tüt' is, wat de Lüd' hier Katzenpoot nennen.«

So weich, so zart sind die Kätzchen der Windblüher! Die fühlen sich an wie weiches Katzenfell. Kätzchen werden an den ersten Frühlingsblühern gebildet; kaum scheint die Sonne mehr und ein Frühlingswind geht, erwachen die Kätzchen. Das ist die Zeit, in der die Laubbäume noch nicht ausgeschlagen sind. So stehen dem »Hochzeitsflug« der Pollen keine frühen Blätter im Weg. Die Pollen fliegen davon, landen auf einer weiblichen Blüte und die Bestäubung kann vor sich gehen. Ist auch die Befruchtung vollbracht, entsteht neues Leben in den winzigen Früchtchen mit den noch winzigeren Samen. Der Kreis des Lebens, dieses Wunder der Natur, beginnt von vorn. Die Früchtchen der Windblüher erscheinen massenhaft; das müssen sie, da so viele unterwegs verloren gehen oder irgendwo landen, wo sie nichts ausrichten können.

Haselkätzchen Birkenkätzchen Erlenkätzchen

Die schönsten Kätzchen sind die Weidenkätzchen. Die Grimms meinten, dass der Name Weidenkätzchen »das katzenartig Sachte des Blütenstandes« ausdrücke (Nießen 1:255).

Die Rheinländer hatten solch schöne Namen wie Mietzekätzkes, Maikätzchen, Wollkätzelcher und Kitzekatze für die Blütenstände der Weiden.

ECHTE KATZENMINZE
Nepeta cataria

Unsere Lippenblütler! Wir mögen sie als Gewürz wie Basilikum, Thymian oder Oregano im Salat. Wir stecken unsere Nase gerne in die Blütenstände des Lavendels; der Duft des ätherischen Öls verlockt uns. Doch nicht nur uns. Auch Katzen stecken ihre Nasen in bestimmte Lippenblütler; und nicht nur das; sie fressen sie auch gerne, zum Beispiel die Katzenminze. Sie mögen den Geruch des pflanzlichen Nepetalacton. Weibliche Blattläuse einer bestimmten Art produzieren ebenfalls dieses Nepetalacton; als Kontaktinsektizid soll es Flöhe und Mücken abschrecken.

Katzenminze stand auch auf der Bodenseeinsel Reichenau im Garten von Walahfrid Strabo. Der Abt dieses Klosters lebte im 9. Jahrhundert. Zwanzig Pflanzenarten hatte er angebaut; und nicht nur das, zu jeder verfasste er ein Gedicht, welche in dem bemerkenswerten Büchlein »Hortulus. Vom Gartenbau« zusammengefasst sind. Walahfrid Strabo dichtete über *Nepeta cataria*:

»Katzenminze, das muntere Pflänzchen, gehört zu den Kräutern,
Die unser Gärtchen in stets erneuertem Nachwuchs hervorbringt.
Mit den Blättern gleicht sie der Nessel, und hoch an der Spitze
Spendet weithin die Blüte die angenehmsten Gerüche.
Sie, die längst der Behandlung verschiedener Krankheiten diente,
Wird in der Reihe der Pflanzen gewiss nicht als letzte gewertet.

Denn mit dem Öl der Rose vermischt, gibt ihr Saft eine Salbe,
Die, wie man sagt, vermöge die Schrammen verwundeten Fleisches
Und die entstellenden Spuren der eben verheilenden Narben
Gänzlich zu tilgen, der Haut ihre frühere Schönheit zu geben
und zu erneuern die Haare, die manchmal ein schwärendes Übel
Frischer Verwundung durch Gift und Eiter gänzlich zerstört hat.«

Katzen werden in diesem Gedicht nicht erwähnt; es ist möglich, dass diese Minzenliebhaber nicht den klösterlichen Garten betreten durften.

KATZEN-GAMANDER
Teucrium marum

Außer der bekannten Katzenminze, gibt es noch einen anderen Lippenblütler, welcher Katzenherzen höher schlagen lässt, den Katzengamander, *Teucrium marum*. Dieses Pflänzchen wird als Katzendroge Nr. 1 bezeichnet. Die Blätter duften wohl noch verführerischer als die der Katzenminze. Auch Bienen und Hummel sind begeistert von deren Blüten.

Die Pflanze hat ihre Heimat auf westmediterranen Inseln. Im Blumenhandel gibt es sie mit den schönsten Sorten. Vorsicht ist geboten, wenn Kätzchen in der Nähe sind. Manche können Auspacken und Einpflanzen nicht abwarten und ratz fatz ist das Pflänzchen nicht mehr da, nur noch ein unschöner Rest. Wenn also eingekauft wird, dann sollten es mindestens zwei Exemplare sein; eines davon sollte sofort nach dem Einpflanzen durch ein Hasengitter vor den flauschigen Liebhabern geschützt werden. Es gibt aber auch Katzen, die das Pflänzchen links liegen lassen.

An den ausdauernden Pflänzchen erfreuen sich Mensch und Katze noch in den nächsten Jahren. Die Staude kommt im Frühling wieder, und die Katzen können sich erneut in sie verlieben.

Von unseren einheimischen Gamanderarten ist der Echte Gamander, *Teucrium chamaedrys*, mit rosafarbenen Blüten die bekannteste Art.

In der Gattung *Teucrium* fehlt bei der Blüte die Oberlippe ganz oder ist nur wenig ausgebildet wie bei *Teucrium fruticans.*

Vorsicht! Der namentlich ähnliche Gamander-Ehrenpreis, *Veronica chamaedrys,* gehört zur Familie der Rachenblütler, *Scrophulariaceae,* und hat Blüten mit nur vier Blütenblättern. Als »Katzenäugli« macht sie in der Schweiz den jungen Kätzchen mit den blauen Augen Konkurrenz).

KOBRALILIE
Darlingtonia californica

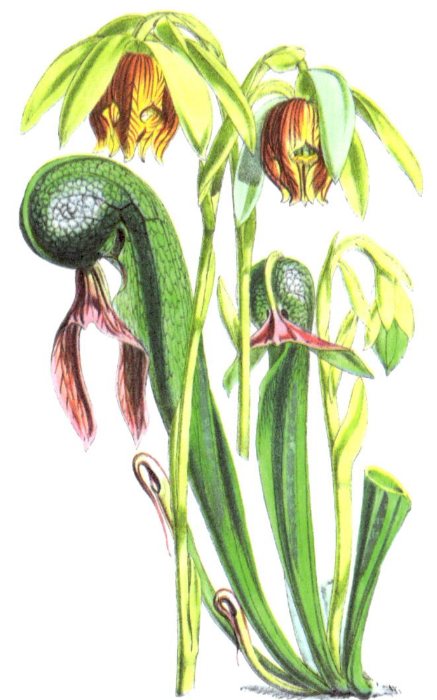

Die Pflanze hat ihren volkstümlichen Namen nach einer Giftnatter, der Kobra. Deren Drohhaltung ist bekannt; ähnlich – auch ohne Bedrohung – sieht die Pflanze mit dem hoch aufgerichteten Blatt aus. Wo bei der Kobra der Kopf ist, sind bei der Pflanze der »Kopf« mit zwei heraushängenden »Zungen« zu sehen. Ja, es ist ein Blatt, welches nicht einem Menschen, wie bei der Kobra, sondern Insekten zum Verhängnis werden soll. Dazu haben die »Meister der Evolution«, wie der Evolutionsforscher Charles Darwin die Insektivoren nannte, ihre Blätter so ausgebildet, dass sie Insekten anlocken.

Andere Blätter als die Schlauchblätter gibt es nicht an der Pflanze. Am unteren Rand der »Haube«, da wo die beiden »Zungen« zu sehen sind, ist der Eingang zum Schlauch: eine kleine Öffnung (Peristom). Auch hier finden die Fliegen ihre Lieblingsfarbe, die »fleischfarbene«, sowie den Duft nach faulem Fleisch.

Innen ist der blättrige Schlauch hohl, hat glatte Wände, an die hoch zu krabbeln einem Insekt nicht möglich ist. Das Perfide an dieser Konstruktion ist, dass das gefangene Insekt, wenn es hinaus möchte, dahin fliegt, wo es hell ist. Doch was passiert? Die Haube ist von »Fenstern« durchsetzt, an denen das

Chlorophyll ausgespart ist und lichtdurchlässige Areale gebildet sind. Es folgt der Absturz in die Tiefe, wenn die Fliegen gegen die »Fenster« stoßen. Sie landen auf dem Grund des schlauchförmigen Blattes. Das war es. Hier werden die Pflanzen »gefressen«. Insbesondere der Eiweißbedarf der Pflanze wird so gedeckt; das ist in nährstoffarmen Biotopen wichtig zum Überleben.

Die Kobralilie blüht mit gelb-grünen Kelchblättern und meist fleischfarbenen Kronblättern. Die Samen sind winzig; sie schwimmen im Wasser von der Mutterpflanze weg und suchen sich ein eigenes Zuhause. Anders dagegen ist die vegetative Vermehrung. Sie geschieht durch Verzweigungen der Rhizome. Die Pflanzen können große Gruppen bilden. Das tun sie überwiegend in ihrer Heimat. Hier in den USA haben sie eine Schutzzone, welche eigens für sie und andere Insektivoren eingerichtet wurde und wo sie sich ausbreiten können.

Es gibt nur eine *Darlingtonia,* und zwar die aus dem amerikanischen Nordwesten. Sie gehört zu den Schlauchpflanzengewächsen, *Sarraceniaceae.* Mit dem botanischen Namen wurde der Botaniker William Darlington (1782-1863) geehrt. Seit zirka hundertfünfzig Jahren ist die Pflanze in Europa bekannt.

SCHWARZE KRÄHENBEERE
Empetrum nigrum

Die Krähenbeeren gehören zu den Erikagewächsen, die in Heide- und Moorarealen zirkumpolar gedeihen. Der Pflanzenname soll auf die blauschwarz gefiederten Krähen zurückgehen, welche die blauschwarzen, wie Beeren aussehenden Steinfrüchte fressen.
Die Früchte sind bitter, aber vielleicht liegt es am berauschenden Andromedotoxin, dass sie gerne gegessen werden. In Österreich war der Name »Schwarzer Rauschbeerenstrauch« in Gebrauch. Nach dem Frost geerntet, sind die Früchte bekömmlicher und werden auch von Menschen verzehrt, in Milch eingefroren bei den Sami oder mit Dorschleber vermischt bei den Eskimos. In Island wird Fruchtsaft, in Norwegen Wein hergestellt, in Grönland werden die Früchte mit dem Speck von Seehunden vermengt.

Der Zwergstrauch ist an seine unwirtlichen Orte bestens angepasst. Er wird nicht höher als fünfzig Zentimeter. Liegt im Winter Schnee auf ihm, ist er gegen Winde geschützt. Der Blattrand der kleinen nadelförmigen Blätter ist nach hinten gebogen; so sind die auf der Blattunterseite liegenden Spaltöffnungen vor dem Wind und so besser gegen Austrocknung und den Verlust von Mineralsalzen geschützt.

BLÜHENDE KREBSSCHERE

Stratiotes aloides

Die beiden Hochblätter an dem Blütenstängel der Krebsschere ähneln den Scheren eines Süßwasserkrebses. Als Krebsschere ist sie bei den Froschlöffelgewächsen zuhause. Sie wird auch Wasseraloe genannt, da ihre langen schmalen Blätter wie bei der Aloe trichterförmig angeordnet und an den Rändern gesägt sind.

Schere eines Süßwasserkrebs

Die Krebsschere bildet Pflanzenteppiche. Das kann sie, da die Ausläufer sich kräftig ausbilden und neue Pflanzen sprießen lassen.
Will man sich im winterlichen Teich die Krebsscheren ansehen, sucht man vergebens. Sie sind untergetaucht; ihre kräftigen Zugwurzeln waren ab Sommerende damit beschäftigt, die Pflanzen in Vorbereitung auf den Winter auf den Grund zu ziehen und so einer geschlossenen Eisdecke zu entgehen. Erst im Frühjahr tauchen sie allmählich wieder an der Wasseroberfläche auf. Von Mai bis Juli präsentieren sie den Bestäubern ihre getrenntgeschlechtlichen Blüten. Auch freut sich die Libelle namens Grüne Mosaikjungfer auf sie, da sie ihre Eier an dieser speziellen Pflanze ablegen kann.

KRÖTENLILIEN
Tricyrtis stolonifera

Was haben diese Lilien mit den farbenprächtigen Blüten mit den nicht so schönen, wenn auch interessanten Kröten zu tun? Es ist das Aussehen ihrer gefleckten Häute bzw. Blütenblattoberflächen! Bei den Kröten sehen wir fleckenförmige Warzen und Drüsen, auf unseren Blütenblättern farbige Flecken. Krötenlilien sind selten in Parks und Gärten anzutreffen, obwohl es Sorten gibt, die schön und pflegeleicht sind, jedes Jahr aufs Neue kommen, mit unterirdischen Sprossachsen überwintern.

Wie alle Liliengewächse haben auch die Krötenlilien sechs Blütenblätter in zwei Kreisen. Die Blüten des inneren Kreises sind mehr oder weniger zurückgebogen, die des äußeren Kreises sind oft sackförmig. In der Blütenmitte sind sechs Staubblätter und drei Narben mit gespaltenen Ästen zu sehen. Anders als zum Beispiel bei anderen Lilien, sind bei der Krötenlilie Kelchblätter ausgebildet. Die Basis dieser Kelchblätter führte zum botanischen Gattungsnamen *Tricyrtis*. Die tri Kelchblätter sind kyrtos, höckrig, gesackt.
Die Pflanzen stammen aus dem östlichen Asien. Japan hat mit dreizehn Arten die meisten; elf von ihnen sind endemisch (kommen nur dort vor).

KUCKUCKSLICHTNELKE
Silene flos-cuculi

Diese Nelke hat – was das Aussehen betrifft – nichts mit einem Kuckuck zu tun. Doch der weiße Schaum an ihrem Stängel wird »Kuckucksspeichel« genannt. Warum nur? Der Kuckuck ist sogar in den botanischen Namen des Pflänzchens eingegangen; das Artepitheton lautet *flos-cuculi*. Kuckucksflett, Koekoeksbloem wurde sie genannt. Unsere Ahnen hatten sich doch etwas dabei gedacht, als sie diese hübsche Nelke in Beziehung zum Kuckuck brachten. Schauen wir uns diesen Vogel näher an. Bekannt ist, dass das Kuckucksweibchen ihre Eier in Nester anderer Vögel legt. Kaum ist dort das Kuckucksküken geschlüpft, bugsiert es seine Mitbewohner aus dem Nest; nun wird es allein von deren Eltern gefüttert. Vielleicht ist unsere Nelke auch Wirtsmutter und ernährt andere Lebewesen.

Schauen wir uns an, was es mit dem Kuckucksspeichel auf sich hat. Es ist die Schaumzikade, welche ihre Eier an den Stängel der Kuckucks-Lichtnelke legt. Den Schaum produzieren die schlüpfenden Larven selbst. Luftbläschen werden in eine eiweißhaltige Flüssigkeit, welche dem Larvenafter entstammt, gepumpt. Der Schaum schützt die heranwachsenden Zikaden vor Fressfeinden, hält sie feucht und gut temperiert. Ob die Tierchen die Leitungsbahnen des Stängels unserer Lichtnelke anzapfen und sich bedienen, scheint nicht klar zu sein.

Schaden tut dies der Nelke nicht, so wie es auch dem Wiesenschaumkraut, *Cardamine pratense*, nicht schadet. Guggucks-

blumm, Guggucksnelk, Gugguckssspauz wurde das Wiesenschaumkraut genannt.
Mit den Blüten haben die Zikaden nichts zu tun; die werden von Schmetterlingen und anderen Langrüsslern besucht.

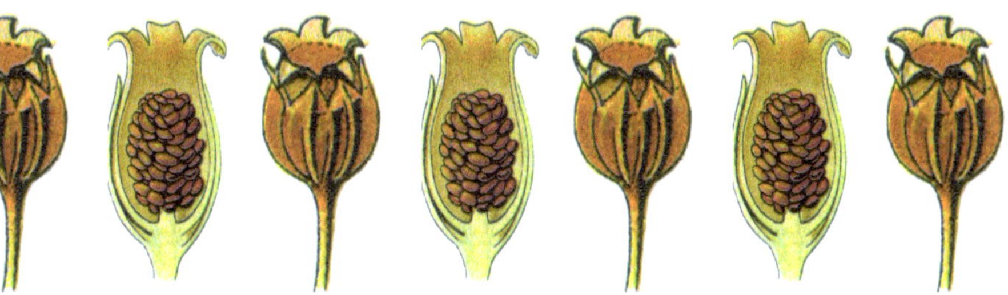

Die Pflanze streut ihre winzigen Samen mithilfe des Windes aus. Oder ein Tier nimmt herunterfallenden Samen in seinen Pelz auf; die fallen an anderer Stelle wieder raus; das nennt man Nachbarschaftshilfe!

Das Licht der tief geschlitzten Kronblätter der Lichtnelke erscheint leuchtend rot.

Einzelnes Kronblütenblatt mit Platte und Nagel. Zwei Staubblätter sind zu sehen sowie das Fruchtblatt mit Fruchtknoten und Stempel

MÄUSE UND MÄUSCHEN mit Dorn, Gerste, Ohr und Schwänzchen

Charakteristisch für Mäuse ist, dass sie klein sind, kleine Ohren und Schwänzchen besitzen; auch der Dorn, der sie stechen könnte, müsste klein sein, so wie beim Mäusedorn. Mäuse fressen gerne Getreide, nur die Mäusegerste nicht.

Das Problem ist, um welche Mäuse es sich handelt; waren es Mäuse oder Fledermäuse, welche in die pflanzlichen Mausnamen eingingen?

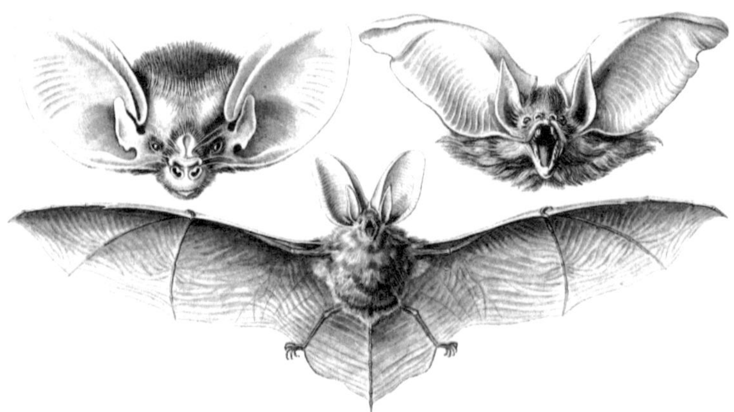

Das versuchen wir zu klären. Bei Fledermäusen können die Ohren groß oder klein, spitz oder rund sein. Es gibt Fledermäuse, welche Großes Mausohr oder Kleines Mausohr heißen und deren Ohren nicht schön gelb und flauschig sind wie bei ihren pflanzlichen Namensvettern. Bestimmte Mausohren sind auch auf dem Wochenmarkt zu kaufen, zum Beispiel ein Salat namens Mausohr.

Mys, die griechische Maus, fand Eingang bei der Namensgebung von Tier und Pflanze: *Myosurus minimus* heißt unser Kleiner Mäuseschwanz, eine Pflanze aus der Familie der Hahnenfußgewächse. *Myotis* heißen die Mausohren oder Mausohrfledermäuse, eine Gattung aus der Familie der Glattnasen. *Myotis myotis,* das ist das Große Mausohr, *Myotis blythii* das Kleine Mausohr. Klein Mausohr dagegen ist bei den Pflanzen zuhause.

Das Große Mausohr ist mit vierzig Zentimeter Flügelspannweite unsere größte heimische Fledermausart; sie sei eine typische Kirchenfledermaus, ist beim Naturschutzbund (NABU) zu lesen, sie bewohne den Kirchendachboden und verbringe mehr Zeit in der Kirche als der Pastor.

MAUSOHR-HABICHTSKRAUT

Hieracium pilosella

Bei dem gelb blühenden Mausohr-Habichtskraut haben wir es mit einem Mitglied der Korbblütler zu tun. Der Blütenstand weist nur Zungenblüten auf. Manchmal sind auf den äußeren Einzelblüten rote Streifen zu sehen. Im Englischen ist es unter »Mouse-ear Hawkween« zu finden, wobei »Hawk« auf einen Greifvogel verweist, hier auf den Habicht.

Hieracium pilosella wurde auch mit volkstümlichen Mausnamen genannt: Musore, Mausörlein, Klein Mausohr, Maushärche. Der Name »Maushärche« geht auf die langen Haare zurück, welche sich teilweise auf den Blattoberseiten befinden. Auch im botanischen Namen wird mit *pilosella* von *pilosus* auf die Haare verwiesen.

Wir finden das jedes Jahr wiederkehrende Mausohr-Habichtskraut an sonnigen Plätzen, in lichten Wäldern, an Wegen und auf dem Trockenrasen. Zottelbienen besuchen die Blüten dieser Rosettenpflanzen; die weiblichen Bienen bürsten den Blütenpollen mit ihren Hinterbeinchen aus, welche danach zottigen Sammelbürsten gleichen.

MÄUSEDORN
Ruscus aculeatus

Winzig sind die »Dornen« an den »Blättern« vom Mäusedorn. Ein anderer Name »Stacheliger Mäusedorn« sorgt ebenfalls für Verwirrung. Handelt es sich nun um einen Stachel oder um ein Dorn auf dem »Blatt«? Bei unserem Mäusedorn stimmt jedoch weder das eine noch das andere; wir haben es auch nicht mit einem Blatt zu tun.

ɣllokladien mit
ɕhelspitzen und
ten

Was wie ein Blatt aussieht, ist ein flach wachsender, verbreiterter Kurztrieb. Zuvor irritieren die winzigen Blütchen und später die roten Früchte auf dem »Blatt«. Botaniker wissen: Blüten und Früchte auf einem Blatt gibt es nicht. Früchte entstehen aus Blüten und die entstehen nicht auf Blättern, sondern aus Blattachselknospen. Was beim Mäusedorn wie ein Blatt aussieht, aber ein Kurztrieb ist, heißt im Botanischen »Phyllokladium«. Das ist insbesondere für Heilpraktiker und Apotheker wichtig zu wissen, denn die haben es mit unserem Mäusedorn zu tun. In den englischsprachigen Ländern haben sie es mit »Butcher's broom« zu tun, mit dem »Fleischerbesen«, wie die Pflanze auch im Holländischen genannt wird.

lokladien mit
en und Früchten

Und der »Dorn«? Botanisch handelt es sich um ein »Stachelspitzchen«; das Artepitheton *aculeatus* weist darauf hin. Und die Blätter? Das sind lediglich die winzigen bräunlichen schuppenförmigen Gebilde auf dem Phyllokladium.

Nun wenden wir uns der Frage zu: Waren Mäuse oder Fledermäuse Vorbild für unser pflanzliches Mäusedorn? Schauen wir uns beide an:

Bei den zahlreichen unterschiedlichen Arten von Maus und Fledermaus sind Stachelspitzen nicht zu sichten. Wir entscheiden uns dafür, dass hier unsere Hausmaus Pate für den Namen Mäusedorn stand. Es ist vorstellbar, dass vom Namensgeber Mäuse gesichtet worden waren, welche am Mäusedorn vorbei flitzten, wobei sie Stachelspitzen aus dem Wege gehen mussten. Fledermäuse sind ja eher in der nächtlichen Luft unterwegs und hängen tagsüber ab.

In unseren Breiten ist der Mäusedorn nicht heimisch, sondern am Mittelmeer, in Vorderasien und Nordafrika. Kälte mag die Pflanze nicht, sondern warm und trocken, zum Beispiel im Unterholz verschiedener Wälder. Die Pflanze gehört zu den Spargelgewächsen, *Asparagaceae*. Die Früchte sind giftig; das Unterirdische, die »Rusci aculeati rhizoma«, werden medizinisch eingesetzt zum Beispiel bei chronischer Veneninsuffizienz; die Inhaltsstoffe des Mäusedorn stimulieren die Gefäßmuskulatur.

Rhizom mit
kleinen Wurzeln

MÄUSEGERSTE
Hordeum murinum

Gerstenfrüchte (Karyopsen) mit Grannen

Bei unseren Haus- und Stallmäusen steht diese Gerste nicht auf dem Speiseplan. Mäuse wie auch andere tierische Getreideliebhaber mögen sie nicht. Mäuse würden ihr zartes Mäulchen verletzen, da sich an den Gerstenfrüchten mit den Samen lange Grannen befinden, die die zarte Schleimhaut verletzen würden. Einmal im Mäulchen könnte die Ähre der Mäusegerste dank seiner Oberflächenbeschaffenheit immer weiter nach innen wandern. Das ist besonders bei Hunden gefährlich, wenn Gräserfrüchte mit langen Grannen immer tiefer in die Ohren wandern.

Uns begegnet die Mäusegerste als Straßenbegleitflora an Gehwegrändern; es wird als »Unkraut« angesehen.

MÄUSESCHWANZ
Myosurus minimus

Bei Mäusen sind die Schwänze ungefähr so lang wie Kopf und Rumpf zusammen. Beim pflanzlichen Mäuseschwanz sind es die Blütenachsen, welche im ausgewachsenen Zustand bis sechs Zentimeter lang werden und dann Mäuseschwänzen gleichen.

Der Kleine Mäuseschwanz gehört in die Familie der Hahnenfußgewächse, welche sich – was die Morphologie der Blüte betrifft – vieles haben »einfallen« lassen; denken wir an die Akelei oder die Jungfer im Grünen.

Wie diese hält auch unser Mäuseschwänzchen von Mai bis Juni Honigblätter für die Bestäuber bereit. In den winzigen Früchtchen sind noch winzigere Samen; die über ein Millimeter Länge und 0,06 Milligramm Gewicht nicht hinauskommen.

Honigblätter

Früchtchen an der verlängerten (ehemaligen) Blütenachse

NATTERN mit Kopf und Zunge

Nattern sind Schlangen. Unter diesen bilden sie die artenreichste Sippe. Charakteristisch an den Nattern sind ihre runde Pupillen und die relativ großen Schuppen. Bei den Giftschlangen, wie zum Beispiel bei der einheimischen Kreuzotter, sind die Pupillen schmal vertikal. Es war sicherlich ungefährlicher, sich Nattern und nicht Kreuzottern näher anzusehen und Pflanzen nach ihnen zu benennen.

Bei uns sind insbesondere die Ringelnatter und die Äskulapnatter bekannt. Für unsere Vorfahren waren sie sicherlich auch die Vorbilder für die Bezeichnung von pflanzlichem Natternkopf und pflanzlicher Natternzunge. Die nach Äskulap benannte Natter ist die einen Stab umwindende Äskulapnatter, welche das Symbol der Ärzteschaft darstellt. Äskulap ist der Gott der Heilkunst.

NATTERNKOPF
Echium vulgare

Kleine Pflänzchen am Wegesrand sind oft wunderschön. Wenn wir ein leuchtendes Blau mit benachbartem Rosa entdecken, können diese Farben vom Natternkopf stammen. Er zeigt in seinen Blütenknospen die kräftigste rosa Farbe. Später geht das Rosa in ein leuchtendes Blau der Blüten über, fein garniert mit vier rosafarbenen Staubfäden und einem weißen Griffel.

Sind die Kronblütenblätter blau gefärbt, bedeutet dies für bestäubende Insekten, dass es in diesen Blüten nichts mehr zu holen gibt; die Ampel ist auf »Rot« gestellt, weshalb diese Pflanzen auch Ampelpflanzen genannt werden.

Was ist es, was tierischer und pflanzlicher Natternkopf gemeinsam haben? Es soll die Frucht sein, welche einem tierischen Natternkopf ähnelt. Der griechische Pharmakologe Dioskurides soll gemeint haben: »Die Blüten sind purpurfarbig, und in ihnen befindet sich die Frucht, welche dem Kopfe einer Natter (echis) ähnlich ist« (Reling & Bohnhorst:166f; s.a. Nießen:

199). Der Griffel mit der gespaltenen Narbe, welcher aus der Blüte herausragt, kann auf die gespaltene Zunge der Natter hinweisen. Außer den Nattern wurden auch größere Tiere, wie Ochsen und Säue, bei der Namensgebung hinzugezogen: Wild Ochsenzung und Saurüssel wurden unsere hübschen Pflänzchen auch genannt (Pritzel & Jessen: 138).

Zunge der Natter im Vergleich zum Fruchtblatt des Natternkopfs (rechts)

Seine an Blättern und Stängeln befindlichen relativ steifen Borsten sind ein Merkmal für die Zugehörigkeit zu der Familie der Raublattgewächse. Von Mai bis Oktober können wir den Natternkopf an trockenen Ruderalstellen, am Waldrand und auf sandigen Plätzen blühend betrachten. Das tun auch zahlreiche Insekten, besonders Schmetterlinge und Bienen. Letztere schauen nicht nur, sondern ernten die Pollen, lagern diese in ihre Sammeltaschen am hinteren Beinpaar und fliegen mit graublauen Pollenhöschen davon.

Óphis, das ist die griechische Schlange; welche zum botanischen Namen von Gattung und Familie führte. Es sind bis an die fünfzig Arten von *Ophioglossum* weltweit bekannt. In Deutschland gibt es nur die Gewöhnliche Natternzunge, *Ophioglossum vulgatum*. Sie wächst auf Magerwiesen und kann Salzwasser ertragen. Doch nicht nur dies ist auffallend bei dieser Farnsippe. Ist die Sporangienähre nicht ausgebildet, wird die Pflanze als Farn oft nicht erkannt, sondern als Einkeimblättrige eingestuft. Es wird angenommen, dass der Farn sich durch Mykorrhizapilze ernährt, zumal Wurzelhärchen fehlen. Weiterhin ist auffällig, dass die Chromosomenzahl mit 1260 (2n) bei einer südasiatischen Art die höchste Chromosomenzahl im gesamten Pflanzenreich ist.

NATTERNZUNGE
Ophioglossum

Ophioglossaceae

Was wie ein Pflänzchen aus der großen Sippe der Samenpflanzen ausschaut, gehört nicht zu dieser. Wir haben es mit einem Sporen bildenden Farn zu tun bzw. einer ganzen Familie, den Natternzungengewächsen, *Ophioglossaceae*. Sie bilden keine Samen.

Die meisten unserer heimischen Farne tragen ihre Sporen in Häufchen, den Sporangien, auf der Blattunterseite. Das ist bei der Natternzunge anders. Das aufsteigende Laubblatt der Gemeinen Natternzunge wird begleitet von der so genannten Sporangienähre, an welcher sich die Sporenträger befinden. Diese Sporangienähre soll einer Natternzunge ähneln.

OCHSENAUGE
Buphthalmum salicifolium

Die Namensgeber vom »Ochsenauge«, lateinisch »Buphthalmus«, haben ihre kastrierten Rinder sehr geschätzt. Mit ihren großen Augen blicken sie friedlich in die Welt. Der schöne Name »Augenzier« für die Ochsenaugen soll auf den Mediziner und Dichter Michael Toxites (1514-1581) zurückgehen, bei dem es heißt, »daß nichts besseres noch gewaltigeeres zu den Augen gefunden mag werden«.
Daher ist es nicht verwunderlich, dass solch ein Auge in einer Pflanzengattung zur Namensgebung verwandt wurde.

Die pflanzlichen Ochsenaugen haben große, leuchtend gelbe Blütenkörbchen. Am Rand des Korbblüters locken die langen sterilen Zungenblüten die Bestäuber heran; die Mitte wird von hunderten winziger Röhrenblüten gebildet. Sie wächst auf kalkigen Böden und in trockenen Wäldern.

Es heißt, dass Ochsen seit Jahrtausenden in vielerlei Hinsicht den Menschen bei der Arbeit helfen. Ochsen sind stark und friedlich und lassen sich gut abrichten.

GEMEINE OCHSENZUNGE
Anchusa officinalis

Wer hätte dem muskulösen Ochsen solch eine schmale Zunge zugetraut? Doch soll der bei der Namensgebung des Pflänzchens Pate gestanden haben (Nießen 1:202).

Bei den sonstigen volkstümlichen Namen lesen wir von Buglossa, der Ochsenzunge, Rote Ochsenzung; 1576 erschien die Schrift »Horn des heyls menschlicher blödigkeit. Oder Kreütterbuch darinn die Kreütter des Teutschen lands ausz dem Liecht der Natur nach rechter art der himmelischen einfliessungen beschriben. Durch Philomusum Anonymum« (andere nennen Carrichter, B.). Auch von »würgen« ist die Rede; ágchousa heißt »die Würgende« (Genaust:61). Soll damit die zarte Einschnürung der Blumenkronröhre gemeint sein, wie Nießen (1:202) meint?

Die Kelchröhre scheint im oberen Bereich eingeschn

Wir haben eine ausdauernde, bis siebzig Zentimeter hohe Pflanze vor uns mit einer langen Pfahlwurzel. Bis auf die Kronblütenblätter ist die Pflanze behaart. Im Innern der Kronblätter sitzen weiße samtige Schlundschuppen, welche den Papillen auf einer Ochsenzunge gleichen könnten. Die pflanzliche »Ochsenzunge« ist wohl danach benannt.

Früher wurde die Pflanze als Heilpflanze genutzt, worauf *officinalis* im botanischen Namen hinweist. Heute ist dies nur noch in der Homöopäthie Fall, da sie in hohen Dosen giftig ist.

REIHERSCHNABEL
Erodium cicutarium

Der pflanzliche Reiherschnabel ist eigentlich ein Storchschnabel; jedenfalls gehört er zur Familie der Storchschnabelgewächse. Und doch hat er etwas an sich, was ihn von Geranium, dem eigentlichen Storchschnabel, unterscheidet. Die Frucht des Reiherschnabels ist gedreht, sie ist ein Wunderwerk! Wenn die lang gestreckte Frucht reif ist, müssen die Samen verbreitet werden. Das macht die Pflanze so, dass sie die Griffel lang werden lässt; durch Wasserentzug lösen sich die Teilfrüchtchen, die mit dem »alten« Griffel, welcher nun gewunden ist, das Weite suchen oder sich in die Erde bohren oder fortkriechen. Sehr raffiniert!

Einzelfrucht mit Samen und gedrehtem Griffel

Frucht mit zwei zum Abgang bereiten Teilfrüchtchen.

Die relativ kleinen Blüten mit den fünf hübschen rosafarbenen Kronblättern werden oft übersehen, dabei wachsen die Pflanzen fast den ganzen Sommer an zahlreichen Gehwegstreifen sowie auf Wiesen und sandigen Plätzen. Mit ihrer Blattrosette liegen sie meist dem Boden eng an. Die Blätter unterscheiden sich von denen der Storchschnäbel. Sie sind doppelt gefiedert. Vom Storchschnabel wissen wir, dass er die Kinder bringt. Der Reiherschnabel macht so etwas nicht, auch wenn er früher an manchen Orten Storchschnabel genannt wurde. Von ihm ist auch heilpflanzenmäßig nichts zu erwarten.

SAUBOHNE
Vicia faba

Nach Ferkel (s. S. 35) und vor dem Schwein mit Kraut und Ohr (s. S. 126) geht es jetzt um die Sau, das weibliche Hausschwein aus der Familie der Echten Schweine. Die Sau wurde einer Bohne vorgesetzt, die nun Dicke Bohne heißt. Sau und Bohne haben eine lange Kulturgeschichte hinter sich. Beide wurden vor Tausenden von Jahren kultiviert bzw. gezüchtet, bei unserem Hausschwein soll dies vor neuntausend Jahren passiert sein.

Die ältesten Funde der Dicken Bohne werden auf achttausend Jahre geschätzt. Irgendetwas zu fressen brauchten auch die Schweine. Wir lesen in der Odyssee vom Sauhirten und den Schweinen, deren Platz am Haus »... hatte der Sauhirt selbst erbaut für die Schweine ... ganz aus Findlingsblöcken ...«. Doch zu fressen bekamen sie nicht die Bohnen, sondern »... die nährenden Eicheln« (s. Homer, Odyssee 13,409). Die Gefährten des Odysseus waren von Kirke in Schweine verwandelt worden, denen Früchte von Buche, Eiche und Kornelkirsche vorgeworfen wurden. Von Bohnen ist auch hier keine Rede; sie waren den Menschen vorbehalten. So lesen wir in der Bibel von den Hülsenfrüchten. Dem geflüchteten David wurden »... geröstete Körner, Bohnen, Linsen ... gebracht ...«.

Auch den Ägyptern schmeckten Bohnen. Herodot (484-424) schrieb über sie wie auch der griechische Schriftsteller Plutarch (50-120). Es ging sowohl um den enormen Nährwert als auch um Blähungen, welche die Bohnen verursachten und weshalb sie bestimmten Berufen vorenthalten bleiben sollten, wie den Priestern.

Heute gibt es die Dicke Bohne oder Saubohne, Pferdebohne, Puffbohne, Buffbohne, Ackerbohne kaum noch auf dem Markt zu kaufen; nur noch in Gläsern sind sie erhältlich; doch die schmecken nicht so gut wie die frischen Dicken Bohnen mit Speck und Gewürzen, wie ich sie als Kind gegessen habe. Mit dem Untergang der »Speckbohnen« sind wir dabei, eine eiweißreiche und leckere Hülsenfrucht zu verlieren. Zum Glück gibt es Vereine, welche sich um ihren Erhalt bemühen. In deutschen Landen sind es besonders die Erfurter, welche die Puffbohne sehr schätzen und sich selbst als »Puffbohne« bezeichnen. Den Begriff »Saubohne« verwenden die Erfurter nicht, was zu bedauern ist, ist doch der verwandte Begriff auch nicht besser. Zu beachten ist, dass das weibliche Hausschwein ein kluges und eines der saubersten Haustiere ist.

Wie lecker Gerichte mit Saubohnen schmecken, erfahren wir von Weinsztein (Der Freitag, Mai 2012): »... Mein Vorschlag: die Kerne nicht heraus pulen, sondern die Schale geschlossen lassen, die Enden abknipsen. Zwiebelwürfel in Olivenöl anschwitzen, die Bohnen dazu geben, Knoblauch nach Belieben, Salz, etwas Zucker und Pfeffer. Nach einer Minute mit wenig Wasser ablöschen und weiter garen, nach weiteren zehn Minuten ist eine Bissprobe angezeigt. Zum Schluss nicht zu wenig grob gehackten Dill dazu geben. Auf Teller verteilen und einen dicken Klacks Knoblauchjoghurt drüber geben ...«

Vielleicht säen Sie im nächsten Vorfrühling die Samen unserer Saubohne aus. Die Pflanze mit den hübschen Blüten wäre auch eine Gartenzierde; es sind Schmetterlingsblüten mit einem großen dunklen Fleck. Allerdings ist auf die schwarzen Mohn-Blattläuse, auch Schworte Dreck, zu achten, welche die Blätter der Saubohne gerne mögen und sie in Massen bevölkern (Nießen 1:74).

Der australische Dichter Les Murray schrieb die »Die Saubohnenpredigt«: »Aufrecht vor Wasser wie Männer, viereckig im Stängelschnitt, wachsen sie zu großen Längen, trinken Regen, kippen weg nach allen Seiten, knicken ab und wachsen von neuem, bieten frisches Grünfutter an ... Wenn du zum Bohnenpflücken gehst, die Sonne erst zaunspitzhoch, findest du jede Menge und holst sie. Eine Stunde, eine Wolke später findest du hemdenvoll mehr ...« (Aus: Ein ganz gewöhnlicher Regenbogen, 1996:28f.)

SCHAFGARBE
Achillea millefolium

Ein Schafgarbenpflänzchen weist Tausende von winzigen Blüten in ihren Körbchen und Tausende von Blättchen an den Stängeln auf; daher *millefolium*, viele Blättchen, und der alte volkstümliche Name »Tausendblatt«. Im botanischen Gattungsnamen *Achillea* ist der griechische Held Achilleus mit der verwundbaren Ferse aus Homers »Ilias« verewigt; er soll die Pflanze zum Blutstillen verwandt haben. Als Blutstillkraut wurde die Pflanze auch bezeichnet.

Schafe sollen die Pflanze auch mögen, wenn auch aus anderen Gründen. Wenn Schafe die Schafgarbe tüchtig fressen, leiden sie nicht an Erkrankungen des Magen-Darm-Traktes, sind auch nicht appetitlos und – was Galle und Blase betrifft – beschwerdefrei. Für uns Menschen ist die Schafgarbe auch in der Apotheke erhältlich als »Millefolii herba«. Interessant ist das Schafgarbenorakel mit Schafgarbenstängel des chinesischen »Buch der Wandlungen. I Ging«.

Der ausdauernde Wurzelkriecher, Bodenfestiger und Stickstoffzeiger begleitet uns durch den Sommer. Auf vielen Plätzen, auf Wiesen stehen seine strammen Stängel mit den unzählbaren Blättchen und Blütchen. Seine zahlreichen, hunderte von Jahren alten volkstümlichen Namen weisen darauf hin, dass die Pflanze früher sehr bekannt war; auch zahlreiche sehr alte Anwendungen der Heilpflanze sind noch bekannt, unter anderem auch solche von Hildegard von Bingen.

SCHMETTERLINGSBLÜTLER
Fabaceae

Die Form der Blüten gaben einer sehr großen Pflanzenfamilie den Namen: *Papilionaceae*. Dieser schöne Name, welcher Bezug nimmt auf Schmetterlinge, ist veraltet. Heute finden wir die Pflanzen in einer »alten« Familie namens *Leguminosae* und einer moderneren Familie namens *Fabaceae*.

Den ersten Pflanzenbeschreibern müssen die Blüten so vorgekommen sein wie kunstvolle Gebilde, so leicht und zart, von eigenwilliger Form und Farbe. Der Begriff Schmetterlingsblütler scheint für sie wie geschaffen. Und doch haben die einzelnen Bestandteile einer solcher Blüte die Bezeichnungen, wie sie für ein Segelboot verwandt werden: Segel, Fahne und Schiffchen.

Diese Begriffe verwandte auch der Philosoph und Botaniker Jean-Jacques Rousseau. Niemand anders konnte den Blütenaufbau schöner beschreiben als er; daher nehmen wir ihn nun zu Hilfe: Wir sehen bei der gezeichneten Blüte die grünen Kelchblätter, aus denen die weißen Kronblätter herausragen. Das obere Kronblatt ist groß und breit; es weht oben und wird daher »Fahne« genannt. Nach Entfernen der Fahne entdeckte Rousseau »... zwei reizende kleine Ohrenschoner, die die Fahne schützen«. Was Rousseau als Ohrenschoner bezeichnete, wird heute Segel genannt. Davon gibt es zwei, damit ordentlich Fahrt aufgenommen werden kann. Wenn diese entfernt werden, entdecken wir das, was Rousseau

»…ein Schatzkästchen der Natur« nannte und wir heute »Schiffchen« nennen. Darin sei das Wertvollste enthalten und sicher vor allen Gewitterstürmen, schreibt der Philosoph.

Was wohl darin ist? Wir öffnen das Schiffchen (wir erkennen, dass es aus zwei Blättchen gebildet ist). Rousseau macht uns neugierig. Gibt das Schiffchen »sein sorgfältig gehütetes Geheimnis frei, werden Sie … vor freudiger Überraschung laut aufjauchzen!«, jubelte Rousseau. Wir entdecken eine Röhre, in denen es sich die Staubblätter bequem gemacht haben. Aber es sind nur neun Staubblätter! Das zehnte geht seinen eigenen Weg und ist neben der Röhre zu finden. Je mehr der Fruchtknoten heranwächst, umso mehr werden die anderen Blütenbestandteile abgestoßen. Bald können wir die Frucht erkennen, die Hülse; ihre Samen, die Erbsen, Bohnen und Linsen.

Als Frucht haben wir bei den Schmetterlingsblütlern immer eine Hülse vor uns, nie eine Schote! Letztere ist charakteristisch für die Kreuzblütler, zu denen zum Beispiel das Silberblatt gehört.

Außer ihrem schönen Namen und ihrem »Schatzkästchen« haben die Schmetterlingsblütler noch eine andere Überraschung parat: Sie können molekularen Stickstoff mithilfe ihrer an den Wurzeln befindlichen Knöllchenbakterien, *Rhizobium leguminosarum*, binden und ihn den Pflanzen verfügbar machen. Daher werden Schmetterlingsblütler gerne als »Gründünger« auf die Böden von Äckern und Gärten eingesetzt.

Schote des Silberblattes mit durchscheinendem Samen

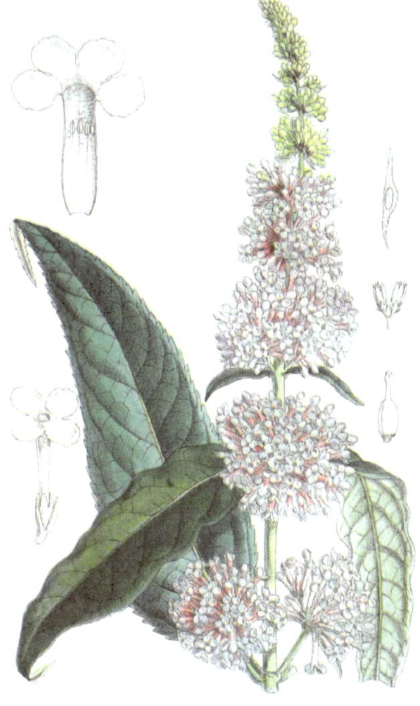

SCHMETTERLINGSFLIEDER
Buddleja alternifolia

Schmetterlinge lieben die beiden fliederfarben blühenden Sträucher: *Buddleja alternifolia* und *Buddleja davidii*. Massenhaft bevölkern sie deren Blüten. Der Schmetterlingsflieder ist nicht unser Flieder, *Syringa*, der blüht bereits im Mai. Der Schmetterlingsflieder wird auch Sommerflieder genannt. Die zahlreichen Blütenblätter leuchten; sie sind jeweils zu einer Röhre verwachsen, in welche die Schmetterlinge ihre ausgerollten Rüsselchen tauchen. Von Duft umgeben, nehmen sie in dieser eher weniger blütenreichen Zeit den hier reichlich vorhandenen Nektar auf.
Es sind nicht nur Schmetterlinge, welche sich auf diesem Strauch mit Nektar versorgen, auch Bienen und Hummeln landen auf den Blüten. An vollsonnigen und trockenen Standorten wachsen die Sträucher am liebsten. Dann werden sie an die zwei Meter hoch.
Die Pflanze hat einen weiten Weg hinter sich; China und Tibet ist ihre Heimat. 1928 tauchte sie in Deutschland auf. Seitdem schmückt sie Gärten und Parks.
Im botanischen Namen sind zwei Botaniker verewigt; *Buddleja* ist nach Adam Buddle (1662-1715) benannt, *davidii* verweist auf Jean Pierre Armand David (1826-1900).
Wer den Schmetterlingen noch mehr Gutes tun möchte, lässt die Brennnessel nahe der *Buddleja* stehen. An denen können die Schmetterlinge ihre Eier ablegen, welche dann im nächsten Jahr als Schmetterlinge den Schmetterlingsflieder bevölkern.

SCHNECKENKLEE
Medicago

Der Schneckenklee gehört zu den Schmetterlingsblütlern, hat also im Miniformat so hübsche Blüten wie auf Seite 119 von den Schmetterlingsblütlern beschrieben. Wenn dieser Klee blüht, offenbart er sich als Hopfenklee. Seine Blütenstände ähneln den Fruchtständen des Hopfens, *Humulus lupulus*. Daher das Artepitheton *lupulina*.

links: Blüte des Hopfenklees, rechts: Frucht des Hopfens

Doch was hat die Schnecke im Namen zu suchen? Steht das Pflänzchen etwa auf deren Speiseplan? Nein. Das Schneckenhafte präsentiert sich erst bei reifen Früchten, welche mehr oder weniger wie Schnecken geformt sind. Die Gattung *Medicago* weist die unterschiedlichsten Schneckenwindungen im Miniformat auf. Es ist kaum möglich, diese Schönheiten ohne Lupe zu bewundern.

Ein Mitglied der Gattung ist sehr bekannt. Es ist die Luzerne, *Medicago sativa*, welche von Rindern und Schafen gerne gefressen wird; auch unseren Bienen bietet sie mit ihren winzigen Blütchen eine ergiebige Nektarweide und lässt sie mit gelben Pollenhöschen davonfliegen.

Luzerne, *Medicago sativa* und Früchte (rechts)

SCHWALBENWURZ
Vincetoxicum hirundinaria

Die Frucht mit den flauschigen Samenhaaren erinnert an den gegabelten Schwanz der Rauchschwalbe, worauf das Artepitheton *hirundinaria* verweist. Die Schwalbenwurz ist in Europa die alleinige Vertreterin der Seidenpflanzengewächse, *Asclepiadoidea,* welche heute als Unterfamilie der Hundsgiftgewächse, *Apocynaceae,* eingestuft ist. Unsere Schwalbenwurz hieß früher *Asclepias hirundinaria.* Asklepios ist der Gott der Heilkunst.

Die mehrjährige Pflanze macht zunächst nicht viel her, weder mit ihren Blüten noch mit ihren unreifen Früchten. Erst wenn die Frucht aufgeht und die wunderbar geordnete Anlage der Samen zu sehen ist, offenbart sich ein kleines Wunderwerk. Die braunen Samen sind mit langen weißen Samenhaaren geschmückt; so können sie sich als Schirmchenflieger dem Wind überlassen. Die Haare sind so leicht und seidig, dass wir eine Ahnung davon bekommen, wie sich Schwalbenfedern anfühlen.

Sind die Blüten auch klein und unscheinbar, haben sie sich Außerordentliches »ausgedacht«: sie sind »Klemmfallenblumen«. Besucht ein Insekt die Blüten, werden die Beinchen bestäubender Insekten mittels Faden mit Klemmkörper eingeklemmt. Der Faden ist zwischen zwei Staubblättern gespannt und besitzt mittig einen »Klemmkörper«. Wenn die Insekten davonfliegen möchten, müssen sie stark genug sein, Faden samt Pollenpakete mit ihren Füßen herausziehen zu können. Erst dann können sie das Weite suchen.

Aufgeschnittene Blüte

Staubbeutel, aus dem durch einen Faden mit mittigem Klemmkörper die Pollenpakete zweier benachbarter Staubblätter herausgezogen werden

Aus alten Schriften wissen wir, dass die Schwalbenwurz im Mittelalter als Heilpflanze verwandt wurde, welche Splitter aus Wunden ziehen und Bisse giftiger Tiere heilen konnte. Der Gattungsnamen *Vincetoxicum* verweist mit *vince* auf den Sieg über das Gift. Doch die Pflanze ist selbst giftig; jedoch gilt auch hier die Weisheit, dass erst die Dosis das Gift macht und die Schwalbenwurz mit Gegengift das Gift besiegt. Sie wird heute noch homöopathisch eingesetzt.

Die Schwalbenwurz wurde wegen ihrer drachenmäßigen Ausstattung im unterirdischen Bereich auch »Drachenkopf« genannt.

SCHWANENBLUME
Butomus umbellatus

Die Blüten der Schwanenblume sind so schön und elegant wie es auch der Schwan ist. Weiße Blütenblätter mit einem Hauch von Rosa auf den Innen- und Unterseiten der Kronblätter. Beim Schwan ist das Rosa im roten Schnabel gebündelt. Auch sind die Fruchtblätter leicht geschwungen wie es in voller Eleganz beim Hals des Schwans zu beobachten ist. Auch haben sie eine gemeinsame Unterkunft: auf und im Wasser.

Mit unterirdischen Sprossachsen kriecht die Schwanenblume auf dem Boden seichter Gewässer. Von hier aus schweben die schmalen langen Blätter im Wasser, wo sie ihrer Aufgabe, Photosynthese zu betreiben, nachkommen. Der Blütenstand mit zahlreichen Blüten erhebt sich mit langem Stiel weit über die Wasseroberfläche.

Fruchtknoten mit gebogenen Griffel mit Narbe

Die Staubbeutel sind zunächst auch rosa; wenn die Pollen herangereift sind und die Staubbeutel sich öffnen, ist der gelbe Pollen zu sehen. Zu diesem Zeitpunkt sind die weiblichen Blütenteile noch in ihrer Entwicklung zurückgeblieben. Die Blüten nennen wir »vormännlich«, »protandrisch«. Bald sind auch die weiblichen Anteile der Blüte soweit. Honigduft erfüllt die Luft und lockt die Bestäuber, die Bienen, Fliegen und Hummeln heran. Am Nektar, welcher sich am Grunde der Fruchtblätter befindet, können sie sich beköstigen. Dass der mitgebrachte Pollen an den Narben abgestrichen wird, passiert nebenbei.

SCHWEINSOHR

Calla palustris

Es ist unübersehbar, warum diese Pflanze »Schweinsohr« heißt. Die Blattspreite der Pflanze und das Ohr des Schweins ähneln sich durch die Form und insbesondere durch die ausgezogene Spitze. Alles andere ist anders. Der Blütenstand weist eindeutig auf die Familienzugehörigkeit zu den Aronstabgewächsen hin. Auf einer Seite wird der Blütenstand vom Hochblatt, der Spatha, begleitet. Die Spatha ist auf der Innenseite weiß, außen grün. Die zahlreichen Früchte färben sich – wie auch beim Aronstab – leuchtend rot.

Der botanische Name mit dem Artepitheton *palustris* sowie der volkstümliche Name »Sumpf-Calla« weisen auf den bevorzugten Standort der Pflanze hin: Sümpfe. Die Pflanze mag Nässe, nur darf sie nicht zu tief reichen. Mit dem hier untypisch grünen Rhizom, der unterirdischen, im Wasser wachsenden Sprossachse, kann die Pflanze überdauern und sich vermehren.

Wenn überhaupt, dann muss es ein kleiner Drache gewesen sein, welcher das Vorbild für den Namen »Drachenwurz« abgab. Zur gleichnamigen Pflanze siehe auch S. 31.

SPATZENZUNGE
Thymelaea passerina

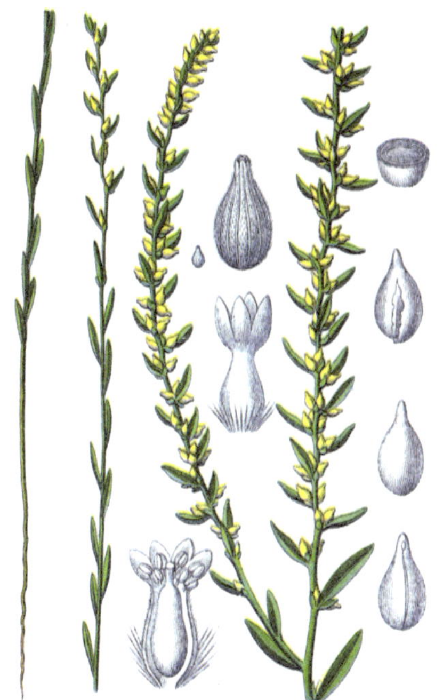

Auf die Frage, ob Spatzen eine Zunge haben, werden viele Naturfreunde erst einmal die Antwort schuldig bleiben. Wenn es eine Spatzenzungenfamilie gibt, müssen Spatzen doch über eine Zunge verfügen! Doch wo ist eine solche bei der gleichnamigen Pflanze zu entdecken?
Sind als Spatzenzungen die schmalen und relativ langen Blättchen gemeint? Sind es die winzigen Blütchen? Oder haben wir die Frucht als Spatzenzungen zu betrachten?
Zunächst führen wir uns die Blüte zu Gemüte, am besten mit einer Lupe, da wir es mit einem Objekt von nur ein bis zwei Millimetern zu tun haben. Die Blüte ist nicht in Kelch- und Kronblätter unterschieden, sondern es gibt nur eine Blütenhülle. Die umgibt später die Frucht. Die Frucht solle dann wie eine Zunge aus der gealterten Blütenhülle heraushängen und nun die Spatzenzunge sein.
Ich sah meine erste florale Spatzenzunge am Mittelmeer, an der sommerlichen sizilianischen Mittelmeerküste. Der kleine Strauch ist bis ein Meter hoch, die kleinen Blätter sind ein wenig fleischig als Zeichen der Anpassung an trockene Standorte. Es gibt sie auch in Deutschland. Da sie so unauffällig ist, wird sie meist übersehen. Die Pflanze ist in allen Teilen giftig. Diese Spatzenfamilie ist bei den Seidelbastgewächsen, *Thymelaeaceae*, zuhause.

Im zeitigen Frühling blühender Seidelbast, *Daphne mezereum*

STINK-STORCHSCHNABEL

Geranium robertianum

Der Stink-Storchschnabel steht hier für zirca vierhundert andere Storchschnäbel. Das Vorbild für den Namen ist der bei uns bekannteste Storch, der Weißstorch. Der Schnabel des Storches ist immer rot – wie es auch seine langen Beine sind. Seine Frucht mit den herangewachsenen Fruchtblättern gleicht einem Storchschnabel. Die pflanzlichen Storchschnäbel sind meist grün mit roten Anteilen.

Das, was der Frucht aus dem »Schnabel« ragt, sind keine Froschbeine, sondern die Griffel mit Narbe. Sind die Früchte reif, ist bald vom Storchschnabel nichts mehr zu sehen; die Fruchtblätter verwandeln sich in eine Schleuder und katapultieren ihre Samen in die Welt der nächsten sechs Meter.

Geranium sanguineum

Dass der Stink-Storchschnabel sehr als Heilpflanze geschätzt war, zeigen weitere alte volkstümliche Namen wie Gichtkraut, Kopfwehblümli in Bern und Warzenkraut in Kärnten. Es gibt so viele wunderschöne Blütenfarben in dieser Gattung, welche heute als Sorten besonders von Mai bis Oktober in zahlreichen Gärten und Parkanlagen die Rosenareale begleiten. Meist handelt es sich dabei um mehrjährige Arten, während unser Ruprechtskraut höchstens zweijährig ist. Die relativ kleinen rosaroten Blüten können bis in den Herbst hinein von Bestäubern besucht werden.

Eine Besonderheit ist es, dass die Pflanze über Blattgelenke verfügt. Sie kann ihre Blätter nach dem höchsten Lichteinfall lenken, was wichtig ist, wenn sie an Höhleneingängen ein Plätzchen besetzt hat.
Das Artepitheton ***robertianum*** ist vielleicht dem Pflänzchen nach einem unbeliebten Zeitgenossen namens »Robert« verpasst worden. Oder war es der rothaarige Knecht Ruprecht, dem die Pflanze wegen der herbstlich orangerot gefärbten Blätter gewidmet wurde? (Reling & Bohnhorst:190). In Thüringen wurde sie St. Robertskraut (Pritzel & Jessen) genannt.

»Stinkender Storchschnabel« ist zwar ein nicht schöner, aber treffender Name. Wird die Pflanze gerieben, stinkt sie. Gelegenheit zum Ausprobieren gibt es bei Spaziergängen vorbei an Gehwegrändern, Plätzen und Wiesen. Besonders im Spätsommer ist der »Stinkende« an seinen leuchtend orangeroten Blättern zu erkennen, weshalb auch der Name »Blutkraut« in Schlesien kursierte.
Nach dem Storch – in der Fabel Adebar genannt – widmeten die Mecklenburger der Pflanze Namen wie »Adebarsbrot«. Bei Hildegard von Bingen hieß sie »Storkensnabil«.

Früher hieß es, Kinder würden vom Storch gebracht; man solle nur Zucker auf die Fensterbank streuen. Dann würde der Storch in seinem Schnabel das Baby (samt Windel) herbei schaffen.
Dass unser Stinkender Storchschnabel mit dem Kinderkriegen etwas zu tun hat, ist heute wieder in der Pflanzenheilkunde präsent. Erst wird Tee aus Stinkendem Storchschnabel – von künftiger Mutter und künftigem Vater täglich getrunken, dann erfüllt der Klapperstorch Kinderwunsch. Es gibt zahlreiche Hinweise auf Erfolge der Storchschnabelanwendung.

Carl Spitzweg, »Der Klapperstorch«, 1885

TAUBENKROPF-LEIMKRAUT
Silene vulgaris

Sogar der Kropf eines Vogels fand Eingang in die Liste der volkstümlichen Pflanzennamen. Wie der Kropf unserer Haustaube (Abbildung oben zeigt den »Altdeutschen Kröpfer«) gewölbt ist, erscheint der Kelch der Blüte des Gewöhnlichen Leimkrauts wie aufgeblasen. Leim sucht man bei dieser Pflanze vergebens. Wo dieser bei anderen Leimkräutern zu finden ist, unterhalb teilweise oder am gesamten Stängel, ist beim Taubenkropf-Leimkraut nichts Klebriges.

Die weißen Kronblätter ragen wie aus einer Vase aus dem aufgeblasenen Kelch. Es scheinen mehr als fünf Kronblätter zu sein; doch bei genauer Betrachtung sind es fünf Blütenblätter, welche tief eingeschnitten sind und zehn Blütenkronblätter vortäuschen. Der aufgeblasene Kelch ist mit einer Nervatur aus zwanzig weißen oder rosa gefärbten Nerven geschmückt. Die Bestäuber müssen ihre Rüssel tief in den Kelch tauchen; nur die langrüsseligen Insekten gelangen ans Ziel.

Das Taubenkropf-Leimkraut wächst auf Wiesen und gehört mit weiteren sechs- bis siebenhundert anderen Leimkräutern zu den Nelkengewächsen. In Steingärten werden die »Taubenkröpfe« als anspruchslose, den gesamten Sommer über blühende Stauden geschätzt.

WALDVÖGLEIN
Cephalanthera

Die Gattung Waldvöglein hat den schönsten Namen im pflanzlichen Vogelparadies. Und dann gehört die Gattung auch noch den Orchideen an! Nur zwitschern können die Pflänzchen nicht; dafür bereichern achtzehn verschiedene Waldvögleinarten die Wälder in den Farben weiß, gelb und pink.

Generell sind Orchideenblüten nicht gerade einfach gebaut. Bei den Waldvöglein ist es noch komplizierter, was sich im Gattungsnamen *Cephalanthera* widerspiegelt: Kopf und Anthere. Die Anthere sitzt der Griffelsäule wie ein Kopf auf. Auch die Bestäubung ist extravagant, die Keimung der winzigen Samen ebenfalls. In einer Frucht entwickeln sich bis zu einer Millionen Samen; da ist für Nährgewebe kein Platz, auch wenn die Samen leicht und winzig sind (0,005 Milligramm). Für ihre Keimung sind sie auf Hilfe angewiesen, die von Pilzen geleistet wird. Die bringen die Samen zum Keimen. Es dauert fast zehn Jahre, bis aus dem Samen das erste grüne Blatt erscheint. Im nächsten Jahr kann es ab Mai zur Blüte kommen. Unterirdisch sind nicht nur die Wurzelpilze in Aktion, auch die waagerecht kriechende Sprossachse, das Rhizom, dient als Speicher für Nährstoffe.

Wurzelpilze

Das Waldvöglein erscheint in den Wäldern Europas, Nordafrikas, Chinas und Japans sowie Amerikas. Unter Schatten spendenden Gebüschen kann es auch vorkommen. Doch kalkhaltig muss der Boden sein.

WOLF mit
Milch und Trapp

WOLFSMILCHGEWÄCHSE
Euphorbiaceae

Es ist der weiße Milchsaft, der dieser Pflanzenfamilie den volkstümlichen Namen »Wolfsmilch« gab. Dieser Name soll bereits im »Hortus sanitatis« Ende des 15. Jahrhunderts aufgetaucht sein (Pritzel & Jessen). Zuvor waren Vertreter dieser Pflanzensippe bereits dem römischen Gelehrten Plinius bekannt. Nicht nur nach dem Wolf wurde die »giftige« Milch benannt; zahlreiche andere Tiere wurden für die Benennung des weißen Milchsaftes der Pflanze hinzugezogen. So gab es die Katze-, Hunds-, Hexen-, Deiwelsmillich (Nießen:266f), um nur einige unschuldige »Unholde« zu nennen.
Zuwendung und Abneigung sind es, welche den Wölfen und den Wolfsmilchgewächsen entgegenschlug und immer noch schlägt. Die Milch vom Wolf kann nur schrecklich sein. Sie ist es tatsächlich, wenn es sich um die Milch der Wolfsmilchgewächse handelt. Diese Pflanzen müssen gekonnt behandelt werden. Manche Zimmerpflanzen dürfen wegen des stark ätzenden Milchsaftes nur mit Gummihandschuhen umgetopft werden. Gift ist eine Frage der Dosis. In der Phytotherapie ist er heute bei der Heilung entzündlicher Hauterkrankungen im Einsatz.
Doch ohne Wolfsmilch wäre Rom nicht erstanden. Die Milch einer Wölfin soll Romulus und Remus genährt haben. So die Sage, welche es wert war, vom berühmten Maler Peter Paul Rubens in Szene gesetzt zu werden. Die Eltern der beiden Kinder, Mars und die Nymphe Rhea, schauen dem Säugen zu, und auch Hermes ist interessiert.

In der »Römischen Elegie« lesen wir bei Johann Wolfgang von Goethe:
»Rhea Sylvia wandelt, die fürstliche Jungfrau, des Tiber
Wasser zu schöpfen hinab, und sie ergreifet der Gott.
So erzeugte sich Mars zwei Söhne! – die Zwillinge tränket
Eine Wölfin, und Rom nennt sich die Fürstin der Welt.«

Die Pflanzenfamilie ist sehr interessant und führt in die Wunderwelt der Evolution, was ihre Anpassung an afrikanische Hitze und Trockenheit betrifft. Hier haben sie sich – wie es in Amerika die Kakteen taten – an das Klima angepasst durch Reduktion der Blätter. Dadurch ist die Verdunstungsfläche verkleinert; grüne Sprossachsen übernehmen die Photosynthese. In beiden Familien wird Wasser gespeichert in den Blättern und/oder in der Sprossachse.

Auch in der heimischen Flora sind Wolfsmilchgewächse vertreten, zum Beispiel durch die Zypressenwolfsmilch, *Euphorbia cyparissias,* und

die Sonnenwendige Wolfsmilch, *Euphorbia helioscopia.* Diese Arten zeigen keine Sprosssukkulenz (Wasserspeicherung im Spross), was sie in unserem Klima bisher auch nicht nötig haben.
Die Pflanzen sind ein- oder mehrjährig, bilden Kräuter oder Sträucher, haben eingeschlechtliche Miniblüten, bei denen die männlichen lediglich aus einem (!) Staubblatt bestehen können.

Sie bilden einen Scheinblütenstand, das so genannte Cyathium; es besteht aus nur einer weiblichen Blüte und einer Gruppe männlicher Blüten (jeweils ein einziges Staubblatt). Ihre beiden Nebenblätter sind zu Dornen umgebildet.

Cyathium mit vier männlichen (gelb) und einer weiblichen Blüte

Sonnen-Wolfsmilch, *Euphorbia helioscopia*

Einige unserer Zimmerpflanzen gehören zu dieser Familie. Da ist der Christusdorn, *Euphorbia milii,* mit seinen Nebenblattdornen und der Weihnachtsstern, dessen große, schön rot gefärbte Hochblätter uns in der Winterzeit erfreuen.

Christusdorn, *Euphorbia milii*

Weihnachtsstern. *Euphorbia pulcherrima*

Auch in unseren Gärten sind Vertreter, wie die Walzen-Wolfsmilch, *Euphorbia myrsinites,* und die Vielfarbige Wolfsmilch, *Euphorbia epithymoide,* mit ihren leuchtend gelben Scheinblüten dekorative Elemente.

WOLFSTRAPP
Lycopus europaeus

Wolfsspur in oberflächlich angetrocknetem, tonigem Untergrund

Lycopus, so heißt eine Gattung der Lippenblütler. »Wolfsfüßig«, so kann die Übersetzung lauten. Der Fußabdruck des Wolfes, die Spur des Wolfes, soll der Blattform dieser Heilpflanze gleichen, daher der Name. Da die wenigsten von uns jemals den Spuren unseres Hundestammvaters gefolgt sind, kann dies bei der Betrachtung dieses Lippenblütlers gewissermaßen nachgeholt werden.
Eine andere Interpretation ist die, das die oberen zugespitzten Laubblätter einer alten Falle, dem Wolfseisen, ähneln sollen. Was die Behaarung betrifft, ist eine klare Aussage nicht möglich. Nur die Kelchzähne und Stängel sind bei einer Varietät behaart (Genaust:356f). Dieses wunderbare Raubtier, welches wieder in unseren Wäldern ein neues Zuhause aufbaut, hat in seiner pflanzlichen Variante schon so manchem Menschen geholfen; das Kraut ist gut untersucht und dämpft Beschwerden bei Schilddrüsenüberfunktion, wie Unruhe und Herzrasen. Auch hilft Lycopuskraut bei gynäkologischen Beschwerden.
Den Wald befreit der Wolf von kranken und verletzten Tieren. Gerissenes Vieh muss nicht sein, wenn zum Beispiel durch die Einhaltung der »Eckpunkte für ein konfliktarmes Miteinander Weidetierhaltung & Wolf in Deutschland« ermöglicht werden könnten.

ECHTER WURMFARN

Dryopteris filix-mas

Die Abbildung des Wurms oben zeigt keinen menschlichen Bandwurm, da hiervon kein darstellbares Bild gefunden werden konnte, sondern den Gurkenkernbandwurm oder Kürbiskernbandwurm, *Dipylidium caninum*, der häufig beim Hund auftritt, gelegentlich auch bei Katzen.

Wie ein Wurm sieht der Farn nicht aus. Daher kann das Aussehen des Farns für die Namensgebung nicht verantwortlich sein. Aber Würmer, insbesondere die Bandwürmer, nehmen bzw. nahmen vor diesem Sporenträger Reißaus. Diese Parasiten kommen zwar nicht im Wald vor, aber im menschlichen Darm. Da war der Wurmfarn gefragt, insbesondere das Rhizom, die unterirdische Sprossachse.

Dieses Rhizom enthält Stoffe, welche Darmparasiten lähmen. Allerdings sind diese Stoffe giftig – nicht nur für Parasiten. Bei falscher Dosierung endete die Behandlung für Mensch und Wurm auch schon mal tödlich. Daher wurde dieses Antiwurmmittel auf die Negativliste der Arzneipflanzen gesetzt. Heute behandeln Heilpraktiker ihre Patienten damit, wenn andere Bandwurmmittel nicht mehr helfen. Der Name des Farns hat überdauert.

LITERATUR/QUELLEN

Baumann, Helmut, »Die griechische Pflanzenwelt in Mythos, Kunst und Literatur«, München, 1982

Borchert, Wolfgang, »Die Hundeblume«, Leipzig, 1977

Droste-Hülshoff, Annette von, »Werke in einem Band«, Hrsg. v. Heselhaus, Clemens, 1995

»Ein ganz gewöhnlicher Regenbogen«, Gedichte. A. d. Engl. v. Lehbert, Margitt, München/Wien, 1996

Fitter, Richard, Fitter, Alastair & Blamey, Marjorie, »Pareys Blumenbuch, Blütenpflanzen Deutschlands und Nordwesteuropas«, Berlin, 2000

Gebauer, Rosemarie, »Unter Feigenbaum und Weinstock. Die Welt der biblischen Bäume, Früchte, Kräuter und Düfte«, Potsdam, 2001

Dto., »Jungfer im Grünen und Tausendgüldenkraut«, Berlin, 2015

Dto., »Frau Haselin und Drecksäck«, Berlin, 2016

Genaust, Helmut, »Etymologisches Wörterbuch der botanischen Pflanzennamen«, 3. Ausgabe, Hamburg, 2012

Giegler, R, »Kleiner Taschenatlas der am häufigsten vorkommenden Käfer und Insekten. Fürth i.B., o.J.

Grimm, Jakob, »Deutsche Mythologie«, Wiesbaden, 1992

»Handwörterbuch des deutschen Aberglaubens«, Hrsg. v. Bächtold-Stäubli, Hanns, Hoffmann-Krayer, Eduard, Berlin, 2000

Heß, Dieter, »Die Blüte«, Stuttgart, 1983

Homer, »Odyssee«, Übersetzt v. Hampe, Roland, Stuttgart, 1996

Krausch, Heinz-Dieter, »Kaiserkron und Päonien rot«, München, 2007

Marzell, Heinrich, »Die Pflanzen im deutschen Volksleben«, Jena, 1925

Nießen, Josef, »Rheinische Volksbotanik«, 1. Band, Berlin, Bonn, 1934

Dto., »Rheinische Volksbotanik«, 2. Band, Berlin, Bonn, 1937

Ovid, »Metamorphosen. In Prosa neu übersetzt v. Fink, Roland, Frankfurt a.M., 1997

Peters, Hermann, »Aus der Geschichte der Pflanzenwelt in Wort und Bild«, Hrsg. v. d. Gesellschaft für Geschichte der Pharmazie, Mittenwald, 1928

Pott, Eckart & Roché, Jean C., »Wer singt denn da?«, Stuttgart, 2003

Pritzel, G. & Jessen, C., »Die deutschen Volksnamen der Pflanzen«, Hannover, 1882

Reinhardt, Ludwig, »Kulturgeschichte der Nutzpflanzen«, Band IV 1. und 2. Hälfte, München, 1911

Reling, H. & Bohnhorst, J., »Unsere Pflanzen nach ihren deutschen Volksnamen, ihrer Stellung in Mythologie und Volksglauben, in Sitte und Sage, in Geschichte und Literatur«, 2. Aufl., Gotha, 1889.

Rothmaler, Werner, »Exkursionsflora von Deutschland«, Band 2, Hrsg. v. Bäßler, Manfred, Jäger, Eckehart J. & Werner, Klaus, 17. Auflage, Heidelberg, Berlin, 1999

Dto. »Exkursionsflora von Deutschland«, Band 3, Hrsg. v. Bäßler, Manfred, Jäger, Eckehart J. & Werner, Klaus, 10. Auflage, Heidelberg, Berlin, 2000

Rousseau, Jean-Jacques, »Zehn botanische Lehrbriefe für eine Freundin«, a. d. Franz. v. Schneebeli-Graf, Ruth, Frankfurt a. M., 1979

Schubert, R. & G. Wagner, »Pflanzennamen und botanische Fachwörter«, Melsungen, Berlin, Basel, Wien, 1979

Strabo, Walahfrid, »Hortulus. Vom Gartenbau«, Erstmals veröffentlicht v. Watt, Joachim von (Vadianus), Hrsg., übers. u. eingeleitet v. Näf, Werner, Gabathuler, Matthäus, 2. Auflage, St. Gallen, 1957

Zander, Robert »Handwörterbuch der Pflanzennamen«, Stuttgart, 12. Aufl., 1980

BILDQUELLEN

Aromagärtnerei Deaflora: S. 93 (unten)

Biodiversity Heritage Library: Albrecht, Ignaz, »Icones plantarum medico-oeconomico-technologicarum cum earum fructus ususque descriptione«, 1800: S. 93; »American ornithology; or, The natural history of the birds of the United States«, biodiversitylibrary.org/page/41424753: S. 115 (Silberreiher; freigestellt, gekontert); Bacon, British ornithology, 1815: S. 100 (Kuckuck; freigestellt); Baxter, William, »British phaenogamous botany«, 1840: S. 41; »Bilder-atlas zur Wissenschaftlich-populären Naturgeschichte der Vögel in ihren sämmtlichen Hauptformen«,1864: S. 125 (Schwan; freigestellt); S. 128 (Storch; freigestellt); »British game birds and wildfowl«, 1855: S. 43-45, 47 (Gans; freigestellt); Borowski, G. H., »Gemeinnüzzige Naturgeschichte des Thierreichs«, 1785 (Biene; freigestellt): S. 19, 21, 86 (Imme; freigestellt); Bloch, Marcus, E., »Allgemeine Naturgeschichte der Fische«, um 1790: S. 30; »Conchylienbuch«, 1855: S. 36 (unten); Cottae, J.G., »Descriptiones et icones amphibiorum, 1833: S. 109, 110, 112 (Natter; freigestellt); »Decapoda reptantia of the coasts of Ireland«, 1914: S. 98 (Krebsschere; Ausschnitt); »Dictionnaire universel d'histoire naturelle«, 1847: S. 57, 60 (Hahn; freigestellt); Diemonian, Van, »Sketchbook of fishes«, 1832: S. 98 (Krebs; freigestellt); Doughty, J. & T. »The Cabinet of natural history and American rural sports«, 1830: S. 69, 73-80, 82, 84 (Hund; freigestellt); Fatio, Victor, »Faune des vertébrés de la Suisse«, 1869: 102, 104, 105, 107, 108 (Maus; freigestellt);»Fauna Boica oder gemeinnützige Naturgeschichte der Thiere Bayerns«, 1832: S. 40 (Frosch; freigestellt); »Favourite flowers of garden and greenhouse«, 1896-97: S. 42; Grandville, »Les fleurs animees«: S. 52 (unten); Gravenhage, Nijhoff, »Ornithologia neerlandica«, 1922-35: S. 43; Harvard University, Museum of Comparative Zoology, Ernst Mayr: S. 48, 50, 52, 53, 55 (Geiß; freigestellt); Havell, Robert, »Floral illustrations of the seasons, 1831 [i.e. 1829]: S. 82 (oben); »Illustrations of the zoology of South Africa. v.3.«, 1838: S. 95 (Kobra; freigestellt); »Illustriertes Prachtwerk sämtlicher Taubenrassen«, 1906?: S. 130 (Taube; freigestellt); Klincksieck, P., »Librairie des sciences naturelles«,1898: S. 33 (Ente; freigestellt); Leydecker, Richard, »Royal Natural History«, 1893 Umschlag und Innentitel (Hund; freigestellt); Linden, J., California, ca. 1871: S. 95 (oben); »Musée entomologique illustré«,1876-1878: S. 88; »A natural history of birds«, 1738: S. 97 (Krähe; freigestellt); Naumann, »Naturgeschichte der Vögel Mitteleuropas«, v.2, 1905?: S. 131 (Meise; freigestellt); Naumann's, J. A., »Naturgeschichte der Vögel Deutschlands«,1820-1860: S. 56 (Habicht; freigestellt); »News of spring and other nature studies«, 1917: S. 58; Orbigny, Ch. D. d', »Dictionnaire universel d'histoire«, 1861 (Bär; freigestellt): S. 9, 11, 13, 14, 16, 17; Parkinson, J., »Musei Leveriani explicatio, anglica et latina, 1794: S. 23-25 (Ziege; freigestellt); Proceedings of the Zoological Society of London, 1833: 99 (Kröte; freigestellt); Quelle und Meyer, »Pflanzen der Heimat«,1913: S. 79 (oben); Schreber, Joh. Chr. D., »Die Säugthiere in Abbildungen nach der Natur mit Beschreibungen«, 3. Teil, 1778: S. 116 (Hausschwein; freigestellt); Schreiber, J.F., »Schreibers kleiner Atlas der einheimischen Vögel«, o.J.: S. 123 (Schwalbe; freigestellt); S. 118 (Schaf; freigestellt); South, Richard, »Wayside and woodland series. The butterflies of the British Isles«, 1906: S. 119, 121 (Schmetterling; freigestellt); Temminck, C.J., »Nouveau recueil de planches coloriées d'oiseaux«, 1770: S. 60 (Mitte rechts); »The animal kingdom«, V 4, 1827: S. 113-114 (Ochse; freigestellt, gekontert); »The book of the cat«, 1903: S. 89, 91, 93 (Katze; freigestellt); Ward, R., »The deer of all lands, 1898: S. 68 (Hirsch; freigestellt)

»Botanica Pharmaceutica exhibens plantas officinales quarum nomina in dispensatorio Brandenburgico recensentur«, 1785: S. 93 (oben)

»Curtis's Botanical Magazine«, 1898: S. 36; 37; 47 (unten), 48; 49 (oben); 99, 121

Historischer Druck, o.N., »Die Katze«, 1907: Umschlag und Innentiltel

Kobs, Jan, Flora Batava, Vol. 3, 1814: S. 110; Flora Batava, Vol. 5, (1828): S. 35; 36 (rechts); 75 (unten); 107 (oben); 110 (unten); Flora Batava, Vol. 6, (1832): S 75 (unten)

Giegler, R, »Kleiner Taschenatlas der am häufigsten vorkommenden Käfer und Insekten«: S. 38 (Floh)

»Hayne's Getreue Darstellung und Beschreibung der in der Arzneykunde gebräuchlichen Gewächse«, 1805: S. 114 (Details)

Heß, Dieter, »Die Blüte«, Stuttgart, 1983: S. 19, 32

»Köhler's Medizinalpflanzen«, 1887: S. 14; 76, 118

Lindmann, Carl Axel Magnus, »Bilder ur Nordens Flora«. 1917-1926: S. 68 (unten); 79 (unten); 115 (Details)

Masclef, A., »Atlas des plantes de France«, Vol. 2, 1891: S. 38, 39, 122 (unten)

Thomé, Otto Wilhelm, »Flora von Deutschland, Österreich und der Schweiz 1885«: Umschlag und Innentitel: Hundsrose; S. 11, 14, 16-18, 19, 22 (oben), 23-25, 33, 36 (links), 40, 44-46, 49 (rechts), 52 (oben), 55 (oben), 56 (oben), 57 (oben), 59 (oben); 64; 65 (oben); 68; 69 (Mitte); 73 (oben); 75 (oben); 77; 80; 81; 82 (oben); 84; 85; 87 (Mitte rechts); 97; 98; 99; 100; 101; 104; 105; 106 (unten); 110 (oben); 112; 115 (oben); 116; 119; 120; 122 (oben, Mitte beide); 125 (oben, Mitte); 126; 131; 134 (oben); 135; 136

Thomé's Flora von Deutschland Österreich und der Schweiz in Wort und Bild für Schule und Haus. 1888: S. 53

Stüber, Kurt, biolib: S. 19 (links); 48 (links Mitte)

Sturm, Johann, Georg, »Deutschlands Flora in Abbildungen«, 1796: Umschlag und Innentitel: Katzenminze; S. 21, 29, 47 (oben), 50 (oben), 56 (unten); 59 (unten); 61; 63; 66; 67 (oben); 70 (oben); 78; 86; 87 (Mitte links, unten); 89 (rechts); 91; 94; 108; 114 (oben); 123 (oben); 124 (Details); 125 (oben, Details links); 128 (oben); 132; 134 (links oben)

Wikimedia Commons: S. 9; 12; 26, 27, 29, 31 (Drache); 27 (beide); 31 (oben); Iconographia Zoologica – Special Collections University of Amsterdam: 35 (Ferkel); 36 (Fliege) 42 (Fuchs); 62-66 (Hase) 102; Obermayer, Walter, Uni Graz: 50 (unten), 51 (oben, freigestellt); Syp, Ungarn: 51 (unten); Drajay: 54 (oben links); 54 (oben rechts und unten); Orchi: 56 (unten rechts); Kersti Nebelsiek/Bréchet .png: toony & svtiste: 57 (unten); Watson and Dallwitz, »The Families of flowering plants«: 60 (oben); Michael Becker: 65 (Mitte links); Pablo Alberto Salguero Quiles: 65 (Mitte rechts); 65 (links unten); 67 (unten); 70 (unten); 72 (beide); Bjornstad, Tom (July 2005): 82 (Mitte); Andrew Smith's book, Plate 3: 85 (Igel); 89 (links); 90 (Mitte, alle 3); Noah Elhardt, 2005: 95 (unten); Specht, A. »Brehms Tierleben«, 1927: 106 (links); Drahkrub: 106 (rechts); www.krypbloggen.nu, Mai 2016: 111; J.C. Lavater, »Essays on physiognomy«, 1789, 113 (unten); Photo: Udo Schmidt, 2007: S. 122 (Schnecke: Sphaerospira appendiculata); MdF: A milkweed, gone to seed -- Forks of the Credit Provincial Park, Ontario, Canada -- 2006 October {{GFDL}}: S. 123 (links); Sarah Nystrom/USFWS U.S. Fish and Wildlife Service: S. 123 (rechts); Porse, Sten, 2007: 125 (unten); swissvergan: 126 (Schwein); 127 (Spatz; freigestellt); »Daphne mezercum«, handkolorierter Original-Kupferstich, 1850: 127 (unten); Pethan, Geranium sanguineum, Juli, 2005: 128 (links); 129; 130; D. Gordon, E. Robertson, Silene vulgaris, 2006: 130 (Mitte links); Nilsson, R. Henrik, Kristiansson, Erik, Ryberg, Martin, Larsson, Karl-Henrik »Approaching the taxonomic affiliation of unidentified sequences in public databases – an example from the mycorrhizal fungi«, BMC Bioinformatics 6, 2005: 131 (Mitte links); Werner, Jean Charles (1798–1856): 132, 135 (Wolf); 133; Blanco, Francisco Manuel, »Flora de Filipinas«, 1880?: 134 (links unten); »Familiar Indian flowers«, 1878:134 (rechts unten); US Fish & Wildlife Service: 135 (Mitte); CDC's Division of Parasitic Diseases (DPD),www.cdc.gov/dpdx/: S. 136 (Bandwurm)

Alle anderen Abbildungen: Archiv Gebauer, Rosemarie

NAMENSREGISTER

Foto: Privat

Rosemarie Gebauer wuchs in einem Garten auf. Nach verschiedenen Berufen schloss sie ihr Studium an der Freien Universität Berlin als Diplombiologin ab. Es folgten Lehraufträge und Anstellung als wissenschaftliche Angestellte. Dann lenkte sie nach und nach ihren Weg dorthin, wo sie alle ihre sonstigen Leidenschaften um die geliebte Botanik gruppieren konnte. Sie ist in den Parks und Gärten Berlins und Brandenburgs zuhause und bietet in ihnen nunmehr private Führungen an. Ihre Vorträge und Führungen lassen Alexander von Humboldts Orinokoreise mit deren Flora und Fauna wieder lebendig werden oder sie begleitet Goethe auf dessen botanische Exkursion nach Italien oder irrt mit Homers Odysseus durch die mediterrane Flora. Als erste in Deutschland machte sie in einem Museum Führungen zur Pflanzensymbolik Alter Meister und begeistert seit Jahrzehnten mit ihren botanisch-literarischen Veranstaltungen.
Im Transit Buchverlag erschien 2015 ihr Buch »Jungfer im Grünen und Tausendgüldenkraut. Vom Zauber alter Pflanzennamen«, 2016 »Frau Haselin und Drecksäck. Die wunderbare Welt unserer Bäume und Sträucher« und 2017 »Sammelnüsschen und Panzerbeeren. Vom Apfelbaum bis Zitrusfrucht.«